Alexandre Messias da Silva

Bezpieczeństwo w pracy

Alexandre Messias da Silva

Bezpieczeństwo w pracy

Koncepcja bezpieczeństwa pracy

ScienciaScripts

This book is a translation from the original published under ISBN 978-620-0-80372-6.

Publisher:
Sciencia Scripts
is a trademark of
International Book Market Service Ltd., member of OmniScriptum Publishing Group
17 Meldrum Street, Beau Bassin 71504, Mauritius
Printed at: see last page
ISBN: 978-620-0-93100-9

1

PODZIĘKOWANIA

Najpierw Bogu za to, że dał mi cierpliwość i mądrość podczas tego szczególnego procesu w moim życiu akademickim i zawodowym.

Badania te podsumowują wkład wielu przyjaciół z Federalnego Instytutu Edukacji, Nauki i Technologii w São Paulo - IFSP, którzy bezpośrednio lub pośrednio wspierali i zachęcali mnie w okresie tych badań. Szczególnie mojemu doradcy prof. dr Cesar da Costa, za jego wsparcie podczas rozwoju tych badań, za jego poświęcenie i cierpliwość podczas orientacji, bez prof. dr Cesar nic z tego nie byłoby możliwe. Wszystkim profesorom i przyjaciołom studentów profesjonalnego programu magisterskiego w zakresie automatyzacji i kontroli procesów za ich wsparcie.

Szczególnie moi rodzice, moja żona Luciana, moja ukochana córka Audrey dla wszystkich, cierpliwość i towarzystwo podczas rozwoju tych badań.

Chciałbym również podziękować Federalnemu Instytutowi Edukacji, Nauki i Technologii w São Paulo (IFSP) za możliwość przeprowadzenia profesjonalnego programu magisterskiego w zakresie automatyzacji i kontroli procesów.

Nie należy dążyć do łatwych celów, trzeba szukać tego, co można osiągnąć tylko poprzez największy wysiłek.

Albert Einstein

ABSTRACT

Messias da Silva, Alexandre. **Zastosowanie normy regulacyjnej nr 12 w zakładzie wodociągowym - studium przypadku.** 2019. Profesjonalny magister automatyki i kontroli procesów - Federalny Instytut w São Paulo - IFSP.

W ostatniej dekadzie Brazylia była zaniepokojona brakiem bezpieczeństwa w urządzeniach i procesach zainstalowanych w przemyśle krajowym. W związku z tym rośnie obawa o warunki bezpieczeństwa w środowisku przemysłowym, przy jednoczesnym coraz częstszym wdrażaniu automatyki przemysłowej. Automatyka przemysłowa spełnia normy i przepisy prawne regulujące bezpieczeństwo urządzeń i procesów w przemyśle, określając zalecenia regulacyjne dla projektów, mające na celu ograniczenie niebezpiecznych warunków w urządzeniach zautomatyzowanych. W ramach praktyczno-teoretycznego badania przeprowadzono analizę ryzyka na stanowisku dydaktycznym do pompowania wody, zainstalowanym w Laboratorium Efektywności Energetycznej w Campus São Paulo, w IFSP. Podniesiono ryzyko występujące w zakładzie i przedstawiono środki zapobiegawcze. Przeanalizowano aktualny standard NR12 - Bezpieczeństwo pracy na maszynach i urządzeniach Ministerstwa Pracy i Zatrudnienia, które zamierza zaproponować środki bezpieczeństwa w zautomatyzowanym systemie zaopatrzenia w wodę.

Słowa kluczowe: Bezpieczeństwo przemysłowe, automatyka, urządzenie zabezpieczające.

4

WYKAZ SKRÓTÓW I AKRONIMÓW

ABIMAQ	Brazylijskie Stowarzyszenie Przemysłu Maszynowego i Sprzętu
ABNT	Brazylijskie Stowarzyszenie Norm Technicznych.
ART	Notacja o odpowiedzialności technicznej
CAT	Komunikacja w sprawie wypadków przy pracy
CIPA	Wewnętrzna Komisja ds. Zapobiegania Wypadkom
CLT	Konsolidacja przepisów prawa pracy
CONFEA	Federalna Rada Inżynierii i Agronomii
CREA	Regionalna Rada Inżynierii i Agronomii
DORT	Zaburzenia mięśniowo-szkieletowe związane z pracą
DRT	Regionalny Urząd Pracy
IN	Normalizacja europejska.
ENIT	Krajowa Szkoła Inspekcji Pracy
EPC	Sprzęt ochrony zbiorowej
IPO	Sprzęt ochrony osobistej
FAP	Czynnik zapobiegania wypadkom
FV	Przepływ przez zawór
FUNDACENTRO	Jorge Duprat Figueiredo Fundacja Bezpieczeństwa i Medycyny im. Praca
FIT	Wskaźnik przepływu przetwornika
IEC	Międzynarodowa Komisja Elektrotechniczna
INMETRO	Krajowy Instytut Metrologii, Jakości i Technologii
INSS	Krajowy Instytut Ubezpieczeń Społecznych
TAKŻE	Międzynarodowa Organizacja Normalizacyjna
READ	Uszkodzenie spowodowane powtarzalnym szczepem
LIT	Wskaźnik poziomu nadajnika
LSH	Przełącznik poziomu Wysoki
LSL	Przełącznik poziomu Niski
MDIC	Ministerstwo Rozwoju, Przemysłu i Handlu Zagranicznego

MPAS	Ministerstwo Opieki Społecznej i Pomocy Społecznej
MTE	Ministerstwo Pracy i Zatrudnienia
MTPS	Ministerstwo Pracy i Ubezpieczeń Społecznych
NBR	Brazylijska norma techniczna (norma techniczna zatwierdzona przez ABNT).
NBR ISO	Międzynarodowa norma techniczna (przetłumaczona i przyjęta przez Brazylię).
NBR NM	Standard techniczny MERCOSUR (przetłumaczony i przyjęty przez Brazylię).
NR	Norma regulacyjna (regulacja prawa).
NR.10	Bezpieczeństwo w instalacjach i usługach elektrycznych
NR.12	Bezpieczeństwo pracy w maszynach i urządzeniach
NBR 13759	Bezpieczeństwo urządzeń do zatrzymywania awaryjnego.
NBR 13970	Bezpieczeństwo maszyn. Temperatury dla dostępnych powierzchni.
NBR 14152	Bezpieczeństwo maszyn, urządzeń sterujących.
NBR 14154	Bezpieczeństwo maszyn zapobiegające nieoczekiwanemu odjazdowi.
NBRRM 272	Bezpieczeństwo maszyn. Zabezpieczenia. Ogólne wymagania projektowe oraz budowę stałych i ruchomych zabezpieczeń.
NBRNM 273	Bezpieczeństwo maszyn. Powiązane urządzenia blokujące do ochrony.
NBRNM 13854	Bezpieczeństwo maszyn Minimalny prześwit w celu uniknięcia zgniecenia część ludzkiego ciała.
OHSAS	Usługi doradcze w zakresie bezpieczeństwa i higieny pracy - System zarządzania Bezpieczeństwo i higiena pracy
ILO	Międzynarodowa Organizacja Pracy
WHO	Światowa Organizacja Zdrowia
IP	Wskaźnik ciśnienia
PIT	Wskaźnik ciśnienia przetwornika

Specjalistyczne usługi w zakresie inżynierii bezpieczeństwa i
medycyny pracy

SESMT   Praca

SINAIT   Krajowy Związek Inspektorów Pracy

Wewnętrzny Tydzień Zapobiegania Wypadkom przy Pracy

SIPAT   (Internal Week for the Prevention of Accidents at Work)

SIT   Sekretariat Inspekcji Pracy

SUS   Jednolity system opieki zdrowotnej

8

STRESZCZENIE

Messiah da Silva, Alexandre. **Zastosowanie normy regulacyjnej nr 12 w zakładzie wodociągowym - studium przypadku.** 2019. Profesjonalny magister automatyki i kontroli procesów - Federalny Instytut w São Paulo - IFSP.

W ostatnim dziesięcioleciu Brazylia była zaniepokojona brakiem bezpieczeństwa w urządzeniach i procesach zainstalowanych w przemyśle krajowym. W związku z tym coraz większą uwagę zwraca się na warunki bezpieczeństwa w środowisku przemysłowym, a także na coraz częstsze wdrażanie automatyki przemysłowej. Automatyka przemysłowa spełnia normy i prawa regulujące bezpieczeństwo urządzeń i procesów w przemyśle, określając normatywne zalecenia dla projektów mających na celu zmniejszenie niebezpiecznych warunków w urządzeniach zautomatyzowanych. W ramach praktyczno-teoretycznego badania przeprowadzono analizę ryzyka na stanowisku do pompowania wody, zainstalowanym w Laboratorium Efektywności Energetycznej w São Paulo Campus, w IFSP. Podniesiono ryzyko występujące w zakładzie i przedstawiono środki zapobiegawcze. Przeanalizowano obecny NR12 - Norma bezpieczeństwa pracy dla maszyn i urządzeń Ministerstwa Pracy i Zatrudnienia, które zamierza zaproponować środki bezpieczeństwa w zautomatyzowanym systemie zaopatrzenia w wodę.

Słowa kluczowe: Bezpieczeństwo przemysłowe, automatyka, urządzenie zabezpieczające.

STRESZCZENIE

1. WPROWADZENIE

W 1978 r. utworzono normę regulacyjną nr 12, która określała odniesienia techniczne, podstawowe zasady i środki ochrony w celu zapewnienia zdrowia i integralności fizycznej pracowników oraz ustanawiała minimalne wymagania w zakresie zapobiegania wypadkom i chorobom zawodowym w fazie projektowania i użytkowania maszyn i urządzeń.

Rozporządzenie nr 1.893 z grudnia 2013 r. uaktualniło normę NR12 i wyznaczyło okres dwóch lat od zatwierdzenia jej dla wszystkich przedsiębiorstw, które posiadały maszyny i urządzenia, aby spełnić wymagania NR-12. Zauważono, że w latach poprzedzających rozporządzenie nastąpił wzrost liczby wypadków.

W ostatniej dekadzie wielkim wyzwaniem dla inżynierów było opracowanie narzędzi do diagnostyki maszyn, które umożliwiają wykrycie zagrożeń we wczesnej fazie, aby uniknąć problemów z bezpieczeństwem w ich zakładach, takich jak zatrzymanie maszyny podczas procesu produkcyjnego.

Główne zmiany w koncepcji bezpiecznej awarii, tzn. niezależnie od tego, jaka jest awaria systemu, musi on wybrać sytuację wolną od ryzyka, która nie stanowi zagrożenia dla użytkownika. Można tu wymienić blokady wyłączników bezpieczeństwa, których funkcją jest działanie w momencie wystąpienia nieprawidłowości w działaniu urządzenia.

Przydatność NR 12 nie jest tak prosta, jak mogłoby się wydawać, ponieważ istnieje wiele aspektów, takich jak wpływ na proces produkcyjny, biorąc pod uwagę czas pracy maszyny w ciągu dnia, a także wysokie koszty, które są jednym z głównych czynników uniemożliwiających wielu przedsiębiorstwom dostosowanie się.

Przedsiębiorstwa, które nie mają nawet harmonogramów przyszłych dostosowań do NR 12, ze względu na wysokie nakłady inwestycyjne, narażone są na poważne ryzyko ukarania grzywnami o znacznej wartości, poza natychmiastowym zakazem korzystania z urządzeń, które nie są zgodne z normą, a w poważniejszych przypadkach nawet zakazem korzystania z zakładu.

Proponowana w tej pracy analiza ryzyka będzie opisywać korekty niezbędne do wyeliminowania lub ograniczenia ryzyka w przepompowni wody. Ulepszenia te mogą być na przykład mechaniczne lub elektryczne. Wśród usprawnień elektrycznych znajdują się opcje, na przykład wdrożenie czujników zbliżeniowych, przekaźników bezpieczeństwa, wyłączników awaryjnych, wyłączników blokadowych, kurtyn świetlnych bezpieczeństwa itp.

a. OGÓLNY CEL

Prace te mają na celu dostosowanie środków bezpieczeństwa w zautomatyzowanym systemie zaopatrzenia w wodę, zgodnym z Normą Regulacyjną nr 12 Ministerstwa Pracy i Zatrudnienia.

i.CELE SPECJALNE

➢ Zastosować narzędzia zgodności z normą regulacyjną nr 12 w celu poprawy bezpieczeństwa i ryzyka eksploatacji zakładu edukacyjnego Federalnego Instytutu w São Paulo - IFSP - Zakład Wodociągów.

➢ Zidentyfikuj główne błędy i usterki, które występują w środowisku pracy, aby wygenerować niebezpieczne warunki.

➢ Zaproponowanie możliwych rozwiązań inżynieryjnych eliminujących niebezpieczne sytuacje w jego działaniu.

1.2.2 UZASADNIENIE

Znaczenie tych badań leży w potrzebie, której potrzebują operatorzy zautomatyzowanych procesów, aby wykonywać powierzone im zadania, a także aby zapewnić integralność i dobre samopoczucie po zakończeniu zmiany roboczej.

Uzasadniając w ten sposób adekwatność maszyny lub procesu, powszechnie stosowanego w sektorze zautomatyzowanych dostaw wody, do obecnych standardów NR 12.

Zgodność z normami prawnymi wykazała troskę przedsiębiorstw o bezpieczeństwo pracowników w środowisku przemysłowym. Brak jest dostosowań w tych zakładach przemysłowych, które byłyby zgodne z nowym brzmieniem NR 12, w celu zachowania zdrowia i integralności fizycznej pracowników podczas ich godzin pracy, przyczyniając się do zmniejszenia liczby wypadków przy pracy.

Pozwoli to na osiągnięcie bezwypadkowego środowiska podczas procesu produkcyjnego oraz w zgodzie z przepisami dotyczącymi bezpieczeństwa pracy.

2. PRZEGLĄD LITERATURY

W Brazylii nie istnieje kultura zapobiegania wypadkom przy pracy, przez większość gałęzi przemysłu postrzegają środki zapobiegawcze jako koszt, a nie inwestycję. Przeprowadzono kilka prac badawczych w zakresie zastosowania standardu NR12 w przemyśle automatycznym. Niektóre publikacje zostaną skomentowane w tym rozdziale.

Rocznik DIEESE (2015) informuje, że rzadko przeprowadzana kontrola bezpieczeństwa nie zawsze dostarcza wystarczających informacji do właściwej analizy problemów z maszynami i urządzeniami. W kilku przypadkach problem nie pojawia się dokładnie w czasie odczytu bezpieczeństwa. Studium przypadku zostało przedstawione w celu przedstawienia informacji o danych za pomocą systemu monitorowania, który może znacznie poprawić program konserwacji prognostycznej i umożliwić operatorom zautomatyzowanego zakładu przemysłowego wykrycie problemów zanim do nich dojdzie.

SHERIQUE (2014) przedstawia zastosowanie i wymogi Normy Regulacyjnej NR-12 przedsiębiorstw, które rzeczywiście przyjmują na siebie odpowiedzialność za zapewnienie integralności fizycznej i psychicznej swoich pracowników, muszą dostosować najbardziej zaawansowane zalecenia w zakresie bezpieczeństwa i zagrożeń dla maszyn i urządzeń.

Proces ten będzie wymagał kwalifikacji zawodowych i aktualizacji technologicznej dla wielu specjalistów, którzy pracują w technicznych obszarach inżynierii, a zwłaszcza w dziedzinie bezpieczeństwa.

SANTOS (2018) przedstawia informacje na temat wymogów bezpieczeństwa w maszynach i urządzeniach. Określa techniczne i praktyczne koncepcje systemów ochrony oparte na normie NR -12. Określa metodologię analizy ryzyka z technologią w stacjonarnych i mobilnych systemach ochrony. Oprócz analizy urządzeń elektrycznych i elektronicznych, dodatkowe zagrożenia, ergonomia, środki dostępu i rozmieszczenie.

Sprawdza również niezgodności w maszynach i urządzeniach w oparciu o procedury operacyjne, takie jak inwentaryzacja i *lista* kontrolna.

VIEIRA (2016) przedstawia analizę wypadku przy pracy z wykorzystaniem metody drzewa przyczynowego. Relacja między człowiekiem a maszyną nie ogranicza się do aspektów fizycznych. Istnieją również aspekty poznawcze i organizacyjne, wszystkie jednocześnie obecne w każdej konkretnej sytuacji zawodowej. NR-12 pracuje z wielką przyzwoitością nad tą koncepcją.

Poza liczeniem na zmęczenie pracownika w sieci czynników sprawczych wypadku przy pracy z maszyną, aspekt ten dotyczy głównie wymiaru organizacyjnego istniejącego w środowisku pracy.

SCHNEIDER (2011) analizuje system bezpieczeństwa, aby zapobiec bezpośredniemu kontaktowi pracownika z ruchomymi i niebezpiecznymi częściami maszyny.

Dlatego systemy bezpieczeństwa używane do uruchamiania lub obsługi maszyn muszą być wyposażone w urządzenia, które zapobiegają ich automatycznemu działaniu, gdy niebezpieczne ruchy i inne zagrożenia są włączane i zatrzymywane, gdy wystąpią usterki lub nietypowe sytuacje robocze.

PEREIRA (2008) prezentuje, że NBR dostarcza nam ważnych informacji w celu właściwej ochrony sprzętu, często zaczerpniętych z międzynarodowych standardów. Ponadto standardy regulacyjne Ministerstwa Pracy i Zatrudnienia, choć przestarzałe, są na Północy, które mają być przestrzegane przez pracodawców w celu uniknięcia kar i wypadków. Wydatek na ochronę maszyn nie może być uważany jedynie za wydatek, w rzeczywistości jest to inwestycja mająca na celu zapewnienie zdrowia i integralności fizycznej pracowników, a także uniknięcie dalszych szkód w wyniku wypadku.

MARCHI (2012) analizuje elementy systemu zasilania, w którym silniki, pompy i przemienniki częstotliwości posiadają ocenę ich zużycia energii.

Wspólnie przeanalizowano możliwości oszczędzania energii w instalacjach wodociągowych za pomocą pomp pracujących ze stałą prędkością obrotową oraz pomp pracujących ze zmienną prędkością obrotową, tj. za pomocą przetwornicy częstotliwości.

W przypadku pomp pracujących ze stałą prędkością obrotową, jej punkt pracy może być zmuszony do przejścia do obszaru o niskiej sprawności, ale sprawność pompy może być regulowana za pomocą zaworów regulujących przepływ.

Pompy pracujące ze zmienną prędkością obrotową stanowią znaczną oszczędność w porównaniu z pompami pracującymi ze stałą prędkością obrotową, ponieważ zgodnie z prawem pokrewieństwa, zmniejszenie prędkości obrotowej powoduje proporcjonalne zmniejszenie przepływu i czterokrotne zmniejszenie wysokości manometrycznej, co oznacza zmniejszenie zużycia energii.

3. KONTEKST TEORETYCZNY

a. ANALIZA RYZYKA

Analiza ryzyka maszyn i urządzeń przemysłowych polega na badaniu w fazie projektowania i rozwoju projektu lub systemu w celu określenia możliwych zagrożeń, które mogą wystąpić w fazie eksploatacji oraz przedstawienia niezbędnych środków bezpieczeństwa w celu zminimalizowania lub wyeliminowania ryzyka.

Analiza ryzyka poprzedza zastosowanie konkretnych i szczegółowych technik analizy opartych na obecnych standardach, a jej celem jest określenie ryzyka i środków, które należy zastosować w urządzeniach. Na podstawie opisu ryzyka określa się przyczyny (czynniki) i skutki (skutki) tego samego, co pozwoli na wyszukiwanie i opracowanie działań i środków mających na celu zapobieganie lub korygowanie wykrytych elementów.

Analiza ta będzie oparta na danych i ustaleniach zebranych na miejscu pracy maszyny, gdzie do oceny maszyny używana jest standardowa i odpowiednia lista kontrolna, jak również wizualna weryfikacja pracy maszyny, wywiady z operatorami, symulacje przestojów i sytuacji awaryjnych.

i. STANDARDY

W tabeli 1 przedstawiono główne standardy stosowane w tej pracy.

Tabela 1: Odniesienia normatywne.

ODNIESIENIA NORMATYWNE	
NR-10	Bezpieczeństwo w instalacjach i usługach elektroenergetycznych
NR-12	Bezpieczeństwo pracy w maszynach i urządzeniach

NBR 5410	Instalacje elektryczne niskiego napięcia
NBR 13759	Bezpieczeństwo maszyn - Wyposażenie E-STOP - Aspekty funkcjonalne - Zasady projektowania
NBR 14153	Bezpieczeństwo maszyn - Elementy systemów sterowania związane z bezpieczeństwem - Ogólne zasady projektowania
NBR 14154	Bezpieczeństwo maszyny - Zapobieganie nieoczekiwanemu uruchomieniu
NBR NM 272	Bezpieczeństwo maszyn - Osłony - Ogólne wymagania dotyczące projektowania i wykonywania osłon stałych i ruchomych
NBR NM 273	Bezpieczeństwo maszyn - Urządzenia blokujące związane z osłonami - Zasady projektowania i wyboru
NBR NM ISO 13852	Bezpieczeństwo maszyn - Odległości bezpieczeństwa uniemożliwiające dostęp kończyn górnych do stref niebezpiecznych
NBR ISO 12100	Bezpieczeństwo maszyn - Ogólne zasady projektowania - Ocena i ograniczanie ryzyka
NBR ISO 13855	Bezpieczeństwo maszyn - Pozycjonowanie wyposażenia ochronnego w odniesieniu do zbliżających się części ciała ludzkiego
NBR ISO/CIE 8995-1	Oświetlenie miejsc pracy - Część 1: Wewnątrz pomieszczeń
IEC 60204-1:2009	Bezpieczeństwo maszyn - Wyposażenie elektryczne maszyn - Część 1: Wymagania ogólne
ISO 13849-1:2015	Bezpieczeństwo maszyn - Elementy systemów sterowania związane z bezpieczeństwem - Ogólne zasady projektowania
ISO 13851:2002	Bezpieczeństwo maszyn - Oburęczne urządzenia sterownicze - Aspekty funkcjonalne i zasady projektowania
ISO 13855:2010	Bezpieczeństwo maszyn - Ustawienie sprzętu ochronnego w stosunku do prędkości zbliżania się części ciała ludzkiego
ISO 4414:2011	Energia płynów pneumatycznych - Ogólne zasady i wymagania bezpieczeństwa dotyczące systemów i ich komponentów
ISO 12100:2013	Bezpieczeństwo maszyn - Pojęcia podstawowe i ogólne zasady projektowania - Ocena ryzyka i zmniejszanie ryzyka

ii.NARZĘDZIA ANALITYCZNE

Jako metodę   ryzyko ilościowe zostało wybrane do zastosowania jako punkt odniesienia normy NBR ISO 12100:2013, a dokładniej HRN - *Hazard* Rating *Number,* metody, która początkowo ocenia sprzęt bez środków bezpieczeństwa, a wkrótce potem z zastosowaniem zalecanych środków bezpieczeństwa.

Dla każdego ze zidentyfikowanych potencjalnych zagrożeń należy ocenić ryzyko dotkliwości, prawdopodobieństwo, częstotliwość i liczbę osób wykonujących dane zadanie lub czynność.

Metoda HRN klasyfikuje ryzyko od znikomego do niedopuszczalnego i aby to ryzyko zostało sklasyfikowane, bierze się pod uwagę niektóre informacje, takie jak

➢ *Prawdopodobieństwo wystąpienia (LO)*

➢ *Częstotliwość ekspozycji (FE)*

➢ *Stopień możliwej* szkody *(DPH)*

➢ *Liczba osób* narażonych na ryzyko *(NP)*.

Każdej pozycji przypisana jest wartość zgodnie z tabelami 2, 3, 4, 5 i 6 poniżej:

Tabela 2: Prawdopodobieństwo wystąpienia

PRAWDOPODOBIEŃSTWO WYSTĄPIENIA - LO		
0,033	Prawie niemożliwe.	To nie może się zdarzyć w żadnym wypadku
1	Bardzo Niepokonany	Jednakże, jest to możliwe
1,5	Mało prawdopodobne	Ale to może się zdarzyć
2	Ewentualnie	Ale to jest niezwykłe
5	Przypadkowy	To może się zdarzyć
8	Prawdopodobnie	Nic dziwnego, że
10	Bardzo Prawdopodobnie	Oczekiwany
15	Z pewnością	Nie ma co do tego wątpliwości

Tabela 3: Częstotliwość narażenia

CZĘSTOTLIWOŚĆ EKSPOZYCJI - FE	
0,5	Rocznie
1	Miesięcznik
1,5	Co tydzień
2,5	Codziennie
4	W kategoriach czasowych
5	Stale

Tabela 4: Stopień możliwego urazu

STOPIEŃ MOŻLIWEGO URAZU - DPH	
0,1	Zadrapanie / lekka kontuzja
0,5	Laceracja / Łagodne problemy zdrowotne
1	Małe złamania kości / Łagodna choroba
2	Duże złamania kości / Łagodna choroba

4	Złamanie / poważna choroba
6	Utrata Członka lub Oka / Poważna choroba
8	Utrata dwóch kończyn lub oczu / poważna choroba
15	Fatalność

Tabela 5: Liczba osób narażonych na ryzyko

LICZBA OSÓB NARAŻONYCH NA RYZYKO - NP.	
1	1-2 Osoby
2	3-7 osób
4	8-15 osób
8	16-50 osób
12	Ponad 50 osób

Po określeniu liczby każdego z czynników, równanie określa sposób obliczania, w jaki należy klasyfikować stopień ryzyka:

$$HRN = LO \times FE \times DPH \times NP \qquad (1)$$

Wynik obliczenia jest porównywany z tabelą 6, która określa stopień ryzyka dla każdego opisu zagrożenia sprzętu.

Tabela 6: Stopień ryzyka

HRN	RYZYKO
0-1	Rozpaczliwe ryzyko
2-5	Bardzo niskie ryzyko
6-10	Niskie ryzyko
11-50	Istotne ryzyko
51-100	Wysokie ryzyko
101-500	Bardzo wysokie ryzyko
501-1000	Ryzyko ekstremalne
Powyżej 1000	Niedopuszczalne ryzyko

iii.   KATEGORIA BEZPIECZEŃSTWA

W celu oceny ogólnego ryzyka związanego z maszyną lub urządzeniem oraz zdefiniowania parametrów i stopnia ochrony wymaganych w fazie projektowania systemów bezpieczeństwa, norma NBR 14153:2013 - Bezpieczeństwo maszyn - Elementy systemów sterowania związane z bezpieczeństwem - Ogólne zasady projektowania - definiuje pięć kategorii projektowanych systemów bezpieczeństwa. W celu określenia właściwej kategorii bezpieczeństwa dla danego systemu bezpieczeństwa, norma ta ustanawia metodologię opartą na rys. 1.

Rys. 1: Metodologia identyfikacji kategorii bezpieczeństwa.

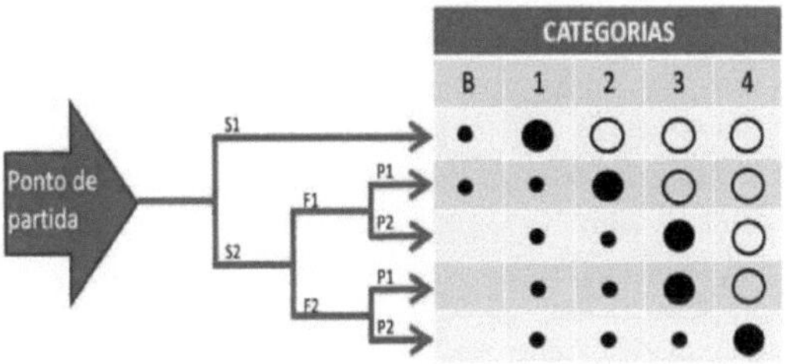

- Powaga rany:

S1 - Lekki uraz (zwykle odwracalny);

S2 - Poważne obrażenia (zwykle nieodwracalne, w tym śmierć).

- Częstotliwość i/lub czas ekspozycji na niebezpieczeństwo:

F1 - Rzadkie do stosunkowo częstego i/lub niskiego czasu ekspozycji;

F2 - Częsty do ciągłego i/lub długiego czasu ekspozycji.

- Możliwość uniknięcia niebezpieczeństwa:

P1 - Możliwe w określonych warunkach;

P2 - Prawie nigdy nie jest to możliwe.

Do wyboru są możliwe kategorie:

● Preferowane kategorie dla punktów odniesienia;

○ Środki, które mogą być zbyt duże w stosunku do odpowiedniego ryzyka;

● Możliwe kategorie, które wymagają dodatkowych środków.

iv. OKREŚLANIE SIL (POZIOM INTEGRALNOŚCI BEZPIECZEŃSTWA)

Chociaż brazylijskie standardy nie wspominają o tym pojęciu, to jego zastosowanie rośnie na całym świecie. SIL może być zdefiniowany jako stopień niezawodności i integralności danego systemu bezpieczeństwa.

Jego kwantyfikacja odbywa się w kategoriach prawdopodobieństwa wystąpienia awarii podczas użytkowania tego systemu (PFD: Prawdopodobieństwo wystąpienia awarii na żądanie). Literatura określa 4 poziomy SIL (1 do 4), przy czym 4 są najwyższym stopniem niezawodności. Norma ISO 14121-2 proponuje tabele 7 i 8, aby zdefiniować SIL w zależności od skutków danego ryzyka.

Tabela 7: Definicja LIS

PRAWDOPODOBIEŃSTWO	PORAŻKI W POPYCIE
0,01 A 0,1	
	30,1 A 1
2 1 A 10	
1 10 A 100	

(4)

Tabela 8: Powaga

CZĘSTOTLIWOŚĆ I MOŻLIWOŚĆ UNIKANIA		
5 - 0h do 24h	5 - Bardzo wysoki	5 - Niemożliwe
4 - 24h do 2 tygodni.	4 - Wysoki	3 - Prawdopodobnie
3 - 2 tygodnie do 1 roku	3 - Możliwe	1 - Możliwe
2 - 1 rok	2 - Rzadkie	
	1 - Mało prawdopodobne	

	CZĘSTOTLIWOŚĆ + PRAWDOPODOBIEŃSTWO + ZDOLNOŚĆ DO UNIKANIA				
SEVERITY	3-4	5-7	8-10	11-13	14-15
4 - Śmierć, utrata wzroku lub ramienia	SIL 2	SIL 2	SIL 2	SIL 3	SIL 3
3 - Trwałe urazy, utrata palców		OM	SIL 1	SIL 2	SIL 3
2 - Odwracalne urazy, Opieka medyczna			OM	SIL 1	SIL 2
1 - Odwracalne urazy, pierwsza pomoc				OM	SIL 1

OM = inne zalecane środki

v.   OZNACZENIE PLR

W celu dostosowania nowych istniejących technologii do wymagań zaktualizowanej analizy ryzyka, zdecydowaliśmy się na włączenie do Oceny Ryzyka metodyki określania wymagań systemu bezpieczeństwa, zgodnie z metodą ISO 13849-1 - PLr, która ma pokrycie w dostępnych elektronicznych systemach bezpieczeństwa i przedstawia możliwość analizy wydajności systemu oraz określenia konkretnych kategorii ryzyka dla każdego typu elementu.

Narzędzie to jest bardziej złożone i wymaga większej ilości informacji oraz wiedzy technicznej w zakresie projektowania i specyfikacji systemu. Celem normy ISO 13849-1 jest stworzenie ogólnych procedur dla maszyn i urządzeń w celu osiągnięcia pewnych celów związanych z bezpieczeństwem.

SRP/CS posiada funkcje bezpieczeństwa na pewnym poziomie wydajności (PLr), które dowodzą wymaganego zmniejszenia ryzyka. Dla każdej funkcji bezpieczeństwa muszą być określone i udokumentowane wymagania i charakterystyki.

W tej normie poziomy wydajności są określone w kategoriach prawdopodobieństwa wystąpienia niebezpiecznych awarii w ciągu godziny.

Rysunek 2 przedstawia narzędzie do określania PLr (wymaganego) obecnego w ISO 13849-1.

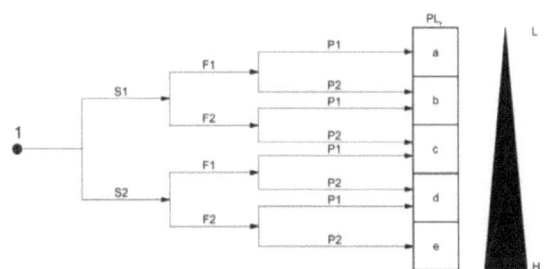

1	Ponto inicial para avaliação	S	Severidade da lesão
L	Baixa contribuição para redução de rico	S1	Leve (geralmente reversível)
H	Alta contribuição para redução de risco	S2	Grave (irreversível ou morte)
PL	Nível de performance requerido	F	Frequência de exposição
		F1	Curto tempo de exposição (raramente a frequente)
		F2	Longo tempo de exposição (frequente a continuo)
		P	Possibilidade evitar / limitar o dano
		P1	Possível sob condições específicas
		P2	Dificilmente possível

Rysunek 2: Narzędzie do określania PLr (Źródło: Dostosowane z ISO 13849-1)

Skala urazu (S) jest intuicyjnie szacowana (rana, amputacja, zgon). Urazy bez innych powikłań powinny być klasyfikowane jako S1, natomiast amputacje i zgony jako S2 (ISO 13849-1, 2006).

Częstotliwość ekspozycji (F) powinna być tak dobrana, aby F2 stanowiła częstą lub ciągłą ekspozycję, natomiast F1 krótki czas ekspozycji, powinien być brany pod uwagę na podstawie częstotliwości i czasu trwania ekspozycji na określone ryzyko (ISO 13849-1, 2006).

Okres narażenia na ryzyko powinien być oceniany przy użyciu średniej wartości przy uwzględnieniu całkowitego czasu pracy urządzenia. W przypadku braku uzasadnienia, jeżeli częstotliwość jest większa niż jedno narażenie na godzinę, należy użyć F2.

Ważne jest, aby ocenić, kiedy można a priori uniknąć niebezpiecznej sytuacji od wypadku. Możliwość ta (P) powinna być oceniana poprzez rozważenie, czy sytuacja może być zidentyfikowana na podstawie jej cech fizycznych, czy tylko za pomocą środków technicznych.

Inne ważne aspekty, które należy wziąć pod uwagę, dotyczą użytkowników (operatorzy nienadzorowani, personel zajmujący się konserwacją) oraz szybkości, z jaką pojawia się sytuacja. Jeśli istnieje realna szansa uniknięcia zagrożenia lub drastycznego ograniczenia szkód, należy wybrać P1, w przeciwnym razie P2 (ISO 13849-1, 2006).

Niniejsza ocena ryzyka ma na celu jedynie ustalenie PLr (wymaganego poziomu wydajności), tak więc możliwe będzie (w razie potrzeby) wykorzystanie tego parametru, który został już udostępniony przez kilku producentów sprzętu bezpieczeństwa, w celu określenia, które urządzenia powinny zostać zakupione.

Należy zauważyć, że wymagania normatywne w przypadku nadmiarowości, powtarzalności i kategorii wymaganych w normach typu C i NR12 mają pierwszeństwo przed wyżej wymienionymi normami.

Przy szacowaniu ryzyka związanego z usterką w części systemu sterowania związanej z bezpieczeństwem uwzględnia się jedynie niewielkie (zazwyczaj odwracalne) i poważne (zazwyczaj nieodwracalne, w tym śmiertelne) obrażenia.

Aby podjąć decyzję, przy określaniu S1 i S2 należy wziąć pod uwagę zwykłe konsekwencje wypadków i normalne procesy gojenia, np. nieskomplikowane stłuczenia i/lub rany powinny być klasyfikowane jako S1, natomiast amputacja lub śmierć powinny być klasyfikowane jako S2.

b. ELEKTRYCZNE URZĄDZENIA ZABEZPIECZAJĄCE

Zabezpieczenia fizyczne stosowane do ochrony maszyn, z wyjątkiem zabezpieczeń stałych lub obudowy narzędzi, muszą być wyposażone w urządzenia zabezpieczające, monitorujące ich pozycję roboczą, pozwalające na pracę maszyny lub urządzenia tylko z zabezpieczeniem odpowiednio umieszczonym na swoim miejscu lub wyposażone w blokady za pomocą wyłączników bezpieczeństwa, gwarantujące natychmiastowe zatrzymanie maszyny przy każdym jej przesunięciu, usunięciu lub otwarciu (ABIMAQ, 2012).

Dzięki fizycznym zabezpieczeniom i podłączeniu urządzeń elektrycznych we właściwych punktach obwodu elektrycznego zakładu, uzyskuje się niezawodne rozwiązanie w zakresie bezpieczeństwa dotyczące funkcjonalności i zatrzymania maszyny. Rysunek 3 przedstawia funkcjonalną kolejność montażu elektrycznych elementów bezpieczeństwa w obwodzie bezpieczeństwa. Gdzie **A** oznacza kurtynę świetlną (czujnik), **B oznacza** przekaźnik bezpieczeństwa (monitor), **C oznacza** zawór bezpieczeństwa (sterownik), a **D** oznacza hamulec/pęknięcie (siłownik).

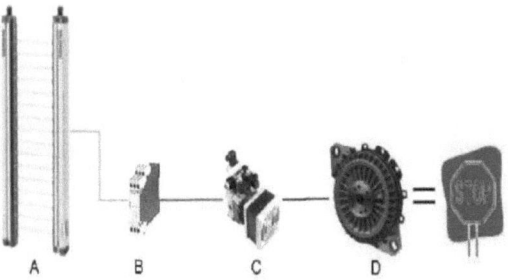

Rysunek 3: Schemat podłączenia urządzeń zabezpieczających (źródło: https://rrta.com.br/empresa/).

i. PRZEŁĄCZNIK BEZPIECZEŃSTWA

Komponent stosowany w połączeniu z zabezpieczeniem fizycznym, które przerywa niebezpieczny ruch i utrzymuje np. pompę wyłączoną przy otwartej osłonie ruchomej lub drzwiach.

Musi on być zainstalowany na zasadzie przerwania dodatniego, co gwarantuje przerwanie obwodu sterowania, nawet poprzez próbę przyklejenia nadprądowych styków sterujących.

Działa poprzez fizyczny kontakt korpusu klucza z siłownikiem - zatrzaskiem lub poprzez kontakt jego elementów (pojedynczy klucz korpusu), takich jak ogranicznik jazdy bezpieczeństwa (Rysunek 4).

Rysunek 4: Wyłącznik pozycyjny bezpieczeństwa (źródło: ACE Schmersal Catalogue, 2018).

Jest on narażony na zużycie mechaniczne i powinien być stosowany nadmiarowo, gdy wymaga tego analiza ryzyka, aby uniknąć sytuacji, w której uszkodzenie mechaniczne, takie jak pęknięcie siłownika wewnątrz wyłącznika, prowadzi do utraty stanu bezpieczeństwa.

Musi być on również monitorowany przez interfejs bezpieczeństwa w celu wykrycia usterek elektrycznych i nie może być dopuszczony do manipulacji - może być manipulowany za pomocą prostych środków, takich jak śrubokręty, gwoździe, taśmy itp.

Musi on być zainstalowany w taki sposób, aby zapewnić przerwanie obwodu sterowania elektrycznego, utrzymując jego styki normalnie zamknięte - NC podłączony sztywno, gdy zabezpieczenie jest otwarte.

ii. **URZĄDZENIE   DO   ZATRZYMYWANIA
AWARYJNEGO**

Są to urządzenia z siłownikami, zwykle w formie czerwonych grzybków (rys.
5), umieszczonymi w widocznym miejscu na maszynie lub w jej pobliżu, zawsze w
zasięgu ręki operatora i które po uruchomieniu mają na celu zatrzymanie ruchu
maszyny poprzez wyłączenie jej sterowania. Muszą one być monitorowane przez
przekaźnik lub sterownik PLC bezpieczeństwa (SILVA, 2008).

Rysunek 5: Przyciski awaryjne typu Punch (Źródło: ACE Schmersal Catalogue, 2018).

Maszyny i urządzenia muszą być wyposażone w urządzenia E-STOP, aby
zapewnić natychmiastowe zatrzymanie ruchu roboczego.

Jeśli używane są sterowniki dwuręczne zawierające przycisk E-STOP, na
panelu lub jego korpusie musi znajdować się dodatkowe urządzenie E-STOP.

iii. SKANERY BEZPIECZEŃSTWA

Czujniki magnetyczne służą do monitorowania położenia przesuwnych, uchylnych i zdejmowanych drzwi bezpieczeństwa, jak pokazano na rysunku 6.

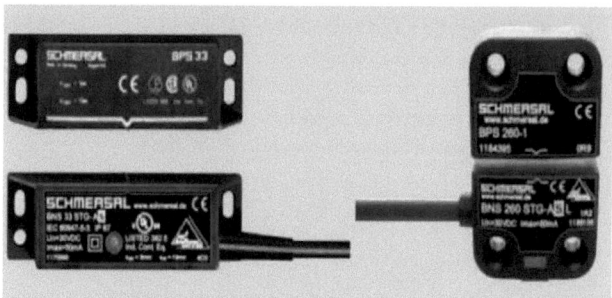

Rysunek 6: Indukcyjne czujniki bezpieczeństwa (źródło: katalog ACE Schmersal, 2018).

Czujniki, które nie posiadają pełnej oceny, mogą być używane tylko w aplikacjach bezpieczeństwa w połączeniu ze sterownikami bezpieczeństwa.

Może być również stosowany w przypadkach, gdy dokładne przybliżenia nie są możliwe i gdy wymagane są tolerancje. Urządzenia te składają się z wielokanałowego bezpiecznego czujnika magnetycznego i magnesu uruchamiającego. Wszystkie magnetyczne czujniki bezpieczeństwa są chronione przez termoplastyczną obudowę.

Zastosowanie magnetycznych czujników bezpieczeństwa daje szczególne korzyści w przypadku nadzwyczajnych warunków lub w przypadku konieczności przestrzegania wysokich standardów higieny. Dodatkową zaletą jest możliwość umieszczenia ich poniżej materiałów niemagnetycznych.

iv.   PEDAL DRIVE

Funkcja pedału nożnego polega na wysyłaniu sygnału zwolnienia, albo z układu hamulcowego, albo z wejścia płynu, który jednocześnie generuje ruch do maszyny lub urządzenia. Liczba pedałów musi odpowiadać liczbie operatorów maszyn lub urządzeń zgodnie z pozycją 12.30 i podpunktami NR12. Pedały uruchamiające muszą umożliwiać dostęp tylko z jednego kierunku i jednej stopy oraz muszą być chronione, aby uniknąć przypadkowego uruchomienia (SILVA, 2008).

Stosowanie pedałów na prasach powinno być dobrze zbadane, ponieważ są one historycznie związane z wypadkami i należy ich unikać. Tylko w przypadkach, w których zastosowanie innego rodzaju napędu, takiego jak napęd dwuręczny, nie jest technicznie możliwe, mogą być stosowane pedały z elektrycznym, pneumatycznym lub hydraulicznym uruchamianiem, pod warunkiem, że są one zainstalowane w przypadkowej obudowie napędu, jak pokazano na rysunku 7.

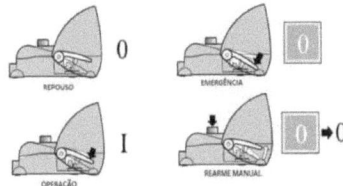

Rys. 7: Pedał awaryjny (Źródło: ACE Schmersal Catalogue, 2018).

v. STEROWANIE DWURĘCZNE

Urządzenie to wymaga jednoczesnego użycia obu rąk operatora do kierowania maszyną, tak aby jego ręce nie znajdowały się w strefie zagrożenia. Aby maszyna mogła pracować, konieczne jest jednoczesne naciśnięcie obu przycisków z opóźnieniem do 0,5s, zgodnie z NR12.

Sterownik dwuręczny jest urządzeniem zabezpieczającym (elementem bezpieczeństwa). Zapewnia on operatorowi środek ochrony przed strefami niebezpiecznymi podczas niebezpiecznych sytuacji poprzez zlokalizowanie siłowników sterujących w określonym położeniu.

W przypadku maszyn przenośnych należy wziąć pod uwagę, że strefa niebezpieczna nie jest nieruchoma. Wybór urządzenia sterowanego dwiema rękami jako odpowiedniego urządzenia zabezpieczającego będzie zależał od oceny ryzyka dokonanej przez projektantów, twórców norm i innych osób zgodnie z NR 12.

Sterowniki dwuręczne zgodnie z rysunkiem 8 muszą być ergonomiczne i wytrzymałe oraz posiadać autotest, monitorowane przez przekaźnik bezpieczeństwa lub sterownik PLC (SILVA, 2008).

Rysunek 8: Sterowanie dwuręczne (Źródło: Katalog ACE Schmersal, 2018).

Przerwanie jednego z przycisków sterowania dwuręcznego spowoduje natychmiastowe zatrzymanie maszyny lub urządzenia.

Autotest gwarantuje, że w przypadku awarii jednego z elementów obwodu elektrycznego sterownika dwuręcznego nie dojdzie do jego uruchomienia. Minimalna odległość pomiędzy urządzeniami uruchamiającymi, zapobiegająca manipulacjom przy użyciu dłoni i łokcia, wynosi 550 mm.

W przypadku zapobiegania oszustwom przy użyciu jednej ręki wynosi 260 mm. Innym sposobem zapobiegania manipulowaniu systemem **dwuręcznym** jest umieszczenie klap nad przyciskami, klapy te powinny uniemożliwiać jednoczesne uruchamianie z łokciem.

Urządzenia z napędem dwuręcznym nie służą jako zabezpieczenie przed dostaniem się do obszaru prasowania w przypadku mimośrodowych mechanicznych pras z otworem na klucz i ich podobnych, napędzanych wrzecionem pras ciernych, młotkiem spadowym i młotkiem pneumatycznym. Jego użycie jest ważnym zasobem uzupełniającym, gdy zmniejsza lub eliminuje użycie pedału (BIRTH, 2013).

vi.   **KURTYNA ŚWIATŁA**

System kurtyn świetlnych, przedstawiony na rysunku 9, składa się z nadajnika, odbiornika i systemu sterowania. Pole działania czujników składa się z wielu nadajników i odbiorników poszczególnych rac (SILVA, 2008; SHENEIDER, 2011; BIRTH, 2013).

Rysunek 9: Kurtyna świetlna (Źródło: https://rrta. com. br/company/).

Dla każdego zestawu aktywowanych nadajników i odbiorników, jeżeli odbiornik nie odbiera z nadajnika wiązki światła podczerwonego, generowany jest sygnał usterki.

Kurtyna świetlna musi być odpowiednio dobrana do wysokości zabezpieczenia i rozdzielczości (zdolność percepcji palcami lub dłońmi) oraz umieszczona w bezpiecznej odległości od strefy zagrożenia, z uwzględnieniem całkowitego czasu zatrzymania urządzenia zgodnie z EM 999 i IEC 61496, a także musi posiadać certyfikat kategorii 4 i być monitorowana przez przekaźniki bezpieczeństwa lub PLC.

Dla kurtyn świetlnych o rozdzielczości (możliwość detekcji do 40 mm) wzór na uzyskanie bezpiecznej odległości od strefy niebezpiecznej jest następujący:

$$S = K \times T + 8 \times (d\text{-}14) \tag{01}$$

Gdzie;

S = odległość między chronionym obszarem maszyny a urządzeniem.

K = stała dla prędkości zbliżania się ręki. Dla S większej lub równej 500 mm przyjmuje się K = 1600 mm/s, a dla S mniejszej niż 500 mm przyjmuje się K = 2000 mm/s.

T = całkowity czas potrzebny maszynie do zatrzymania wykonywania ruchu zagrażającego operatorowi (np. czas zatrzymania opuszczania młotka do prasowania).

D = rozdzielczość kurtyny świetlnej, czyli zdolność do wykrywania kurtyny świetlnej. Na przykład w przypadku wykrywania palcami wystarczająca jest rozdzielczość d = 14 mm, ponieważ wykryty zostanie każdy obiekt o średnicy 14 mm lub większej. W przypadku detekcji ręcznej rozdzielczość wynosi 30 mm. Nie ma więc kurtyn świetlnych o rozdzielczości mniejszej niż 14 mm. Wzór jest ważny tylko dla wartości o d mniejszej lub równej 40 mm. Ważne jest, aby zapoznać się z instrukcją obsługi sprzętu w celu uzyskania niezbędnych danych do obliczenia bezpiecznej odległości.

Jeśli istnieje możliwość dostępu do obszarów zagrożonych, które nie są monitorowane przez kurtynę, muszą istnieć stałe lub ruchome osłony wyposażone w blokady wyłączników bezpieczeństwa, zgodnie z NBR NM 272 i 273.

Dobra technika zaleca łączne stosowanie ręcznego sterowania i kurtyny świetlnej, które stanowią ochronę dla operatora i osób trzecich.

Jednakże w wyjątkowych przypadkach, w oparciu o analizę ryzyka zgodnie z NBR 14009, można przyjąć inne kombinacje, pod warunkiem że zapewniają one taką samą skuteczność.

vii.   MATKA BEZPIECZEŃSTWA

Urządzenia te są wykorzystywane do ochrony powierzchni podłogi wokół maszyny. Matryca połączonych ze sobą mat jest umieszczona wokół sklasyfikowanego obszaru zgodnie z Rysunkiem 10, a wszelkie naciski (np. kroki operatora) spowodują wyłączenie jednostki sterującej matą z zasilania awaryjnego (Schmersal 2018).

Rysunek 10: Mata zabezpieczająca. (Źródło: ACE Schmersal Catalogue, 2018).

Dywany są zazwyczaj używane na zamkniętym obszarze zawierającym kilka maszyn, tak jak w produkcji z wykorzystaniem zautomatyzowanych komórek. Gdy potrzebny jest dostęp w celu regulacji robota, zapobiega on niebezpiecznym ruchom w przypadku zboczenia operatora z bezpiecznej strefy.

Rozmiar i ułożenie mat należy obliczyć za pomocą równania 2 normy EM 999 - Pozycjonowanie sprzętu ochronnego w odniesieniu do prędkości zbliżania się części ciała ludzkiego.

$$S = K \times (T1 + T2) + (1200 - 0{,}4\,H \quad) \,(02 \qquad\qquad)$$

Gdzie:

S = Minimalna bezpieczna odległość mierzona od obszaru zagrożenia do punktu wyjścia profilu aluminiowego;

K = stała prędkości w milimetrach na sekundę, w zależności od danych dotyczących prędkości dostępu do nadwozia lub części nadwozia (1600 mm/s);

H = wysokość od podłogi do urządzenia zabezpieczającego (dla dywanów H=0); T1 = maksymalny czas reakcji urządzenia zabezpieczającego.

T2 = Czas bezczynności maszyny od momentu otrzymania sygnału wyłączenia przekaźnika bezpieczeństwa do całkowitego zatrzymania ruchów maszyny;

Odległość bezpieczeństwa należy obliczyć według wzoru: S = 1600 mm/s x (T1 + T2) +1200 mm. Minimalna odległość wykładziny powinna wynosić 750 mm (długość podziałki).

viii. SCANNER

Laserowe monitory obszaru, przedstawione na Rysunku 11, służą do bezdotykowego monitorowania (zamiast mat bezpieczeństwa) swobodnie programowalnego obszaru.

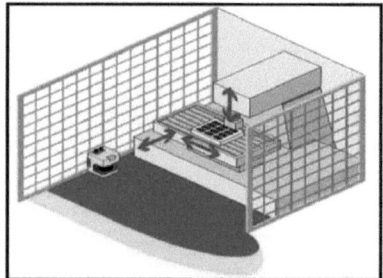

Rysunek 11: Skaner (Źródło: https://rrta.com.br/empresa/).

Nie są wymagane osobne reflektory. Jego instalacja jest prosta, ponieważ nadajnik i odbiornik są umieszczone w jednym elemencie wyposażenia.

Oprócz monitorowania i wysyłania sygnałów o najechaniu obszaru, które powodują zatrzymanie maszyny i uniemożliwiają jej działanie do czasu, aż obszar zostanie uwolniony od ludzi i wydane zostanie nowe polecenie, stosowane są urządzenia do monitorowania obszaru za pomocą detekcji zbliżania.

c. OBIEKTY ELEKTRYCZNE

Maszyny i urządzenia muszą być wyposażone w instalacje elektryczne zaprojektowane zgodnie z normami NBR 5410 i NBR 5419, odpowiednio uziemione i utrzymywane w nienagannym stanie, aby zapobiec, za pomocą bezpiecznych środków, niebezpieczeństwu porażenia prądem, pożaru, wybuchu i innych rodzajów wypadków, zgodnie z normą NR 10.

Urządzenia do uruchamiania, zatrzymywania, napędu i inne urządzenia sterujące, które składają się na interfejs operatora maszyny, muszą działać pod napięciem do 25 V (dwadzieścia pięć woltów) prądu zmiennego lub do 60 V (sześćdziesiąt woltów) prądu stałego.

i. OBWODY BEZPIECZEŃSTWA

Wyłączniki bezpieczeństwa do osłon ruchomych, kurtyn świetlnych, urządzeń dwuręcznych, przełączniki wyboru pozycji typu Yale do wyboru liczby urządzeń dwuręcznych i urządzeń E-STOP muszą być podłączone do elektrycznych układów sterowania bezpieczeństwem, tj. sterowników PLC lub przekaźników bezpieczeństwa, z redundancją i autotestem, sklasyfikowanych jako typ lub kategoria 4 zgodnie z NBR 14009 i 14153, z ręcznym resetem (SILVA, 2008).

Rysunek 12 ilustruje obwód z urządzeniami zabezpieczającymi.

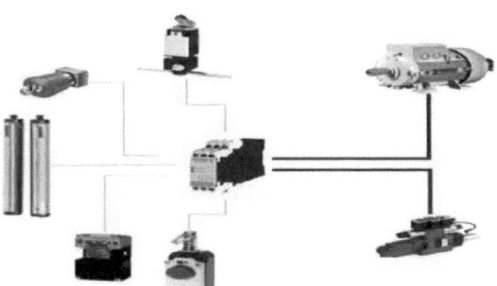

Rysunek 12: Obwód z urządzeniami zabezpieczającymi (Źródło: ACE Schmersal Catalogue, 2018).

ii. ZWIĄZKI BEZPIECZEŃSTWA

Są to jednostki elektroniczne z nadzorem, z dwoma kanałami aktywacji w swoich obwodach, otwartymi i szeregowymi, spełniając tym samym wymóg redundancji. Podłączenie urządzeń zewnętrznych i umieszczenie ich styków we właściwych punktach elektrycznego obwodu automatyki maszyny zapewnia bezpieczeństwo pod względem funkcjonalności.

Rysunek 13 ilustruje przekaźnik bezpieczeństwa.

Rysunek 13: Przekaźnik bezpieczeństwa (źródło: ACE Schmersal Catalogue, 2018).

iii. PROGRAMOWALNY STEROWNIK LOGICZNY - CLP

Jest to przemysłowy elektroniczny system komputerowy przeznaczony do sterowania i kontroli, w sposób redundantny, elektrycznych sygnałów sterujących maszyną, hamujących jej pracę w przypadku ewentualnego wystąpienia awarii (SCHMERSAL, 2018).

Zainstalowane oprogramowanie musi gwarantować swoją skuteczność w celu ograniczenia do minimum możliwości wystąpienia błędów spowodowanych błędami ludzkimi w jego konstrukcji, a także musi posiadać system weryfikacji zgodności w celu uniknięcia narażenia na szwank jakiejkolwiek funkcji związanej z bezpieczeństwem, jak również uniemożliwienia użytkownikowi zmiany podstawowego oprogramowania.

Rysunek 14 ilustruje sterownik PLC bezpieczeństwa.

Rysunek 14: Sterownik PLC bezpieczeństwa (Źródło: Schmersal Catalog 2018).

iv. PRZETWORNICA CZĘSTOTLIWOŚCI

Przetwornik częstotliwości jest urządzeniem do sterowania prędkością i momentem obrotowym silnika trójfazowego za pomocą sterowania elektronicznego. Sprzęt ten był szeroko stosowany w różnych dziedzinach, takich jak windy, obrabiarki, pompy, trakcja mechaniczna, itp. (FRANCHI, 2009).

Przetwornik częstotliwości posiada wewnętrzny, integralny, proporcjonalny sterownik pochodny (PID), który pozwala na zaprogramowanie urządzenia do sterowania silnikiem w sposób kontrolowany, utrzymując zmienny proces zawsze stabilny i został opracowany do pracy z silnikami prądu przemiennego (ca).

Jest to jedno z głównych urządzeń automatyki przemysłowej, a jego ewolucja przyczyniła się do optymalizacji zakładów produkcyjnych zarówno w procesach ciągłych, jak i produkcyjnych.

Rysunek 15 pokazuje bloki operacyjne przetwornicy częstotliwości.

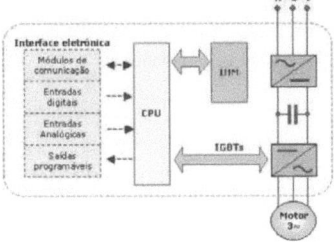

Rysunek 15: Bloki operacyjne przetwornicy częstotliwości (źródło: www.clubedaeletronica.com.br)

v. SOFT-START

Softstart jest urządzeniem elektronicznym, które ma charakterystykę sterowania prądem rozruchowym i zatrzymującym silnika za pomocą tyrystorów, w którym staje się zaletą w stosunku do metod rozruchu z kluczem kompensacyjnym, gwiazda-trójkąt i startem bezpośrednim.

Zasada działania soft-startu opiera się na regulacji kąta natarcia tyrystora, który pozwala na sterowanie zmniejszonym zakresem napięć w celu zmniejszenia szczytów prądowych generowanych przez wysoki moment rozruchowy, jak pokazano na rysunku 16, który zasadniczo ilustruje strukturę soft-startu z sześcioma tyrystorami (FRANCHI, 2007).

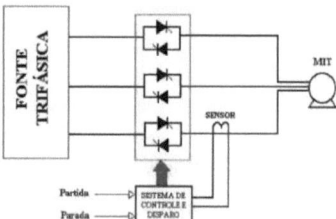

Rysunek 16: Struktura soft-startu skonfigurowanego z sześcioma tyrystorami (Źródło: UNESP, 2018).

Soft-start ma charakterystykę kontrolowania mocy silnika poprzez utrzymywanie częstotliwości sieci z wykorzystaniem metody, w której kontroluje kąt skrętu tyrystorów z sygnałów prądu i napięcia początkowego.

Dlatego monitoruje on czas wystrzeliwania impulsów w tyrystorach z początkowego punktu prądu i napięcia. Ta referencja sygnału jest pobierana z jednej z faz wyjściowych przez przekładnik prądowy.

vi. POMPA ODŚRODKOWA

W pompie odśrodkowej energia jest przekazywana do cieczy poprzez obrót wału, na którym zamontowany jest wirnik, z określoną liczbą łopatek lub łopatek. Geometria wirnika i jego łopatek charakteryzuje typ pompy odśrodkowej i wpływa na sposób przekazywania energii do cieczy oraz na jej kierunek na wylocie z wirnika. Natężenie przepływu pompy zależy od jej charakterystyki konstrukcyjnej i charakterystyki instalacji, w której pracuje.

Pompa odśrodkowa składa się z trzech podstawowych części roboczych, jak pokazano na rysunku 17. (i) Rotor lub wirnik, odpowiedzialny za napędzanie płynu. (ii) Obudowa, w której znajduje się ciecz z udziałem wirnika, wyposażona w dysze wlotowe (ssawne) i wylotowe (wylotowe) cieczy. (iii) Wał, poprzez obudowę, łączy się z wirnikiem, zapewniając ruch obrotowy (uszczelnienie) (SCHNEIDER, 2010).

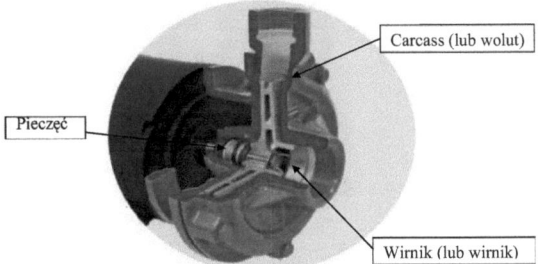

Rysunek 17: Pompa odśrodkowa (Źródło: Instrukcja obsługi pomp i pomp silnikowych - Schneider - 2010).

Obudowa jest odpowiedzialna za zatrzymanie pompowanej cieczy, zamianę energii kinetycznej zawartej w cieczy na energię ciśnienia i skierowanie cieczy na wylot z pompy.

Wirnik jest elementem wirującym, wyposażonym w łopatki, którego funkcją jest przekształcenie energii mechanicznej w energię kinetyczną i ciśnieniową, która jest przekazywana do cieczy. Uszczelnienie mechaniczne pozostawia część hydrauliczną całkowicie wodoszczelną, aby zapobiec wyciekom. Stosuje się go częściej, ponieważ pompowana ciecz jest łatwopalna, toksyczna, żrąca lub gdy nie ma możliwości wycieku. Pompy odśrodkowe mają za zasadę działania tworzenie dwóch stref ciśnieniowych: jednej o niskim ciśnieniu na ssaniu, a drugiej o wysokim ciśnieniu na tłoczeniu (wylocie).

Przy uruchamianiu, korpus pompy i przewód ssawny muszą być całkowicie wypełnione pompowaną cieczą. Napełnianie korpusu pompy i rury ssawnej nazywane jest zalewaniem. Ruch obrotowy wirnika powoduje wypychanie cząsteczek cieczy. Ten ruch odśrodkowy wytwarza "podciśnienie" na wlocie (niskie ciśnienie) i "narastanie" na wylocie (wysokie ciśnienie) poprzez zmniejszenie prędkości przy zwiększonej objętości w obudowie (w dyfuzorze lub łopatkach dyfuzora).

Niskie ciśnienie zasysa z ssania nowe cząstki, tworząc ciągły przepływ cieczy. Wysokie ciśnienie pozwala na pokonanie przez ciecz strat nakładanych przez rurociąg i jego osprzęt.

4. MATERIAŁY I METODY

a. MATERIAŁY

Obserwując realia obecnego rynku, zaproponowano zastosowanie Normy Regulacyjnej NR-12 w małym zakładzie wodociągowym, nacisk położono na minimalizację ryzyka nieodłącznie związanego z tym procesem oraz zgodność z obowiązującymi przepisami w celu zmniejszenia ewentualnych kosztów związanych ze zobowiązaniami pracowniczymi.

Badanie to zostało przeprowadzone w celu przedstawienia głównych możliwych urządzeń zabezpieczających, które mogą być stosowane w zakładach wodociągowych, w celu monitorowania stosowanych zabezpieczeń, zarówno stałych, jak i ruchomych.

W ten sposób możliwe jest zrozumienie i interpretacja różnych typów istniejących urządzeń w przemysłowej instalacji wodociągowej zgodnie z NR-12, a także umożliwienie ich właściwej instalacji.

i. GŁÓWNE ELEMENTY SKŁADOWE INSTALACJI ZASILAJĄCEJ

Rysunek 18 przedstawia dydaktyczną instalację wodociągową, zainstalowaną w Laboratorium Efektywności Energetycznej IFSP - Federalnego Instytutu w São Paulo, która została wykorzystana do zastosowania narzędzi zgodności z normą regulacyjną nr 12, aby przyczynić się do zmniejszenia niebezpiecznych warunków w rzeczywistym zautomatyzowanym systemie zaopatrzenia w wodę.

Tabela 9 przedstawia listę wyposażenia, które składa się na instalację wodociągową, zainstalowaną w pomieszczeniu 603, na terenie kampusu IFSP w São Paulo, która zostanie dostosowana do wymagań normy NR-12.

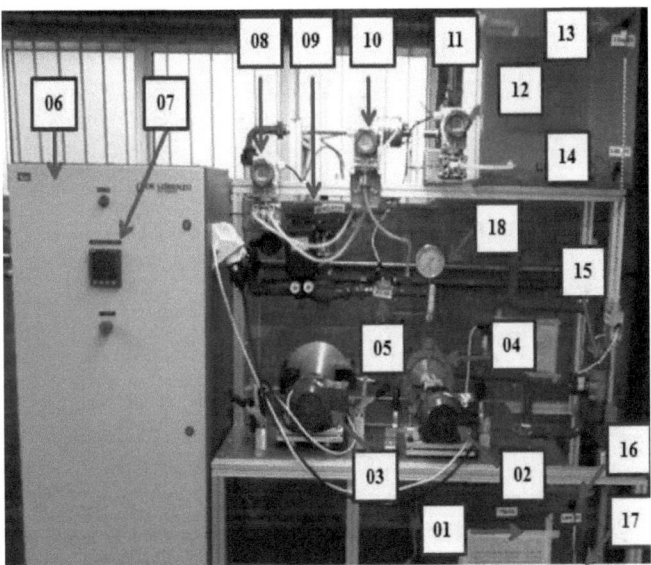

Rysunek 18: Zakład wodociągowy - IFSP - Federalny Instytut w São Paulo (Źródło: UNESP - CARNEIRO, 2007).

Tabela 9: **Główne elementy instalacji wodociągowej.**

TAG	OPIS	NIE
TQ-02	Dolny zbiornik	1
M-01	Konwencjonalny silnik trójfazowy 1CV - 3~220VAC - 3425 obr/min - prędkość obrotowa: 77,1% - $Cos\varphi = 0,85$	2
M-02	Weg Wysoka wydajność 1CV - 3~220VAC - 3440 obr/min - Wydajność: 0.83% - $Cos\varphi = 0,83$	3
B-01	Pompa odśrodkowa Schneidera BC-92SK 1CV - 3450 obr.	4
XV-01	Konwencjonalny zawór elektromagnetyczny	5
	Elektryczny panel sterowania - De Lorenzo PLC - programowalny sterownik logiczny Przetwornik częstotliwości Soft-Start - Bezpośredni start	6
PM-580	Multimetr Power Logic PM800 - marka: Schneider, model: 63230-500-120MG - Typ 12 - Alim: 115-415 VAC - 15VA / 125 - 250 VDC - 10W.	7
FIT-01	Przetwornik różnicy ciśnień, typ pojemnościowy - marka: Siemens, model: 7MF4433 - 1CA02-2PC6-Z - VH:DC 10.5 - 45V - Wyjście: 4-20mA Hart	8
FV-01	Zawór regulacyjny przepływu - marka: Foxwall Encon, model: 602ID A-A-B-L1 - Sygnał wejściowy: 4-20mA - Alim powietrza: 35 PSI - 7,5 CV.	9
PIT-01	Manometryczny przetwornik ciśnienia - marka: Siemens, model: 7MF4033 - 1EA10-2AC6-Z - VH:DC 10.5 - 45V - Wyjście: 4-20mA	10
LIT-01	Różnicowy przetwornik poziomu ciśnienia	11
TQ-01	Zbiornik górny	12
LSH-01	Klucz wysokiego poziomu	13
LSL-01	Klucz niskiego poziomu	14
XV-02	Zawór elektromagnetyczny	15
LSH-02	Klucz wysokiego szczebla	16
LSL-02	Klucz niskiego poziomu	17
PI-01	Manometr glicerynowy	18

Zakład dydaktyczny może symulować różne warunki pracy obciążeń powszechnie stosowanych w przemysłowych procesach zaopatrzenia w wodę. Tworzy kompletny system napędowy, składający się z ochrony i pomiarów; zintegrowanych systemów automatyki i pomiarów, zdolnych do automatycznego sterowania realizacją, gromadzeniem danych i raportowaniem.

43

Napęd składa się z dwóch silników (konwencjonalnego i o wysokiej sprawności) oraz trzech różnych trybów rozruchu (stycznik, przetwornica częstotliwości i łagodny rozruch), co pozwala na wizualizację różnych form sterowania i pracy podobnych i większych urządzeń przemysłowych, z kontrolowaną różnicą w zakresie od 0 do 120% obciążenia nominalnego silnika elektrycznego.

System jest kontrolowany i nadzorowany przez mikrokomputer PC, w którym zainstalowane jest oprogramowanie nadzorcze Indusoft o nazwie Web Studio 6.1. System nadzorczy zawiera ekran główny ze schematycznym rysunkiem odnoszącym się do stanowiska (Rys. 19), zawierający skrót do otwierania odpowiednich ekranów monitorujących, prezentujący w czasie rzeczywistym wszystkie informacje pochodzące z czujników sygnałów elektrycznych i mechanicznych.

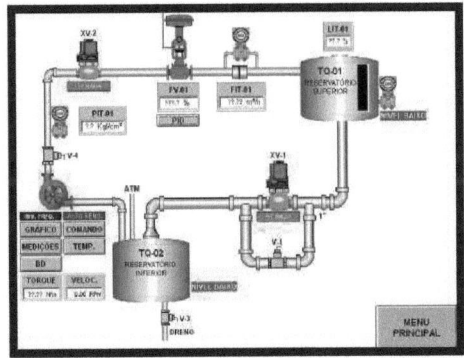

Rysunek 19: Główny ekran systemu nadzoru (Źródło: CARNEIRO, 2007).

System napędowy składa się z przetwornicy częstotliwości, sterownika programowalnego, sterownika PLC oraz elementów zabezpieczających, takich jak styczniki i wyłączniki. Dodatkowo możliwy jest pomiar wejściowych parametrów elektrycznych silników wysokosprawnych i konwencjonalnych, a także kondycjonowanie systemu akwizycji danych procesowych, takich jak temperatura, przepływ i ciśnienie.

Panel elektryczny składa się zewnętrznie z ogólnego wyłącznika, przycisku awaryjnego i systemu do pomiaru parametrów elektrycznych, cyfrowego multimetru wielkości elektrycznych, model PM 850, wyprodukowany przez Schneidera, który umożliwia pomiar wartości napięcia fazowego i neutralnego fazowo; prądu; czynnego, biernego, pozornego i trójfazowego oraz jednofazowego współczynnika mocy; częstotliwości i mocy czynnej i biernej. Komunikacja tego urządzenia, jak również napędu silników (bezpośredni start, łagodny start i przetwornica częstotliwości) odbywa się za pomocą sieci komunikacyjnej Modbus. Silniki do zastosowań przemysłowych są produkowane przez firmę WEG i posiadają 4 czujniki temperatury PT100, jeden zainstalowany w obudowie i jeden w uzwojeniu każdego stojana, co pozwala na monitorowanie tego parametru poprzez nadzór. Sterownik programowalny - PLC używany w zakładzie został skonfigurowany w logice drabinkowej i jest podłączony do routera, konfigurując sieć komunikacyjną w standardzie Ethernet, TCP IP.

b. METODY

Pierwszym krokiem do stworzenia zalecenia projektowego zgodnego z normą NR 12, dotyczącego systemów bezpieczeństwa maszyn i urządzeń w zautomatyzowanym systemie wodociągowym, jest stworzenie ram analizy ryzyka urządzeń, których ostatecznym celem jest uzyskanie kategorii bezpieczeństwa, która ma być stosowana.

Kategoria ta dotyczy jednostkowej pracy operatora przed urządzeniem.

W celu uzyskania kategorii bezpieczeństwa, wymiarów ciężkości, częstotliwości i czasu ekspozycji oraz możliwości uniknięcia zagrożenia, tworzy się układ zdolny do dostosowania operacji od najniższego do najwyższego ryzyka, reprezentujący najwyższą kategorię, czyli kategorię B < najniższe ryzyko>, kategorię 1, kategorię 2, kategorię 3 i kategorię 4 < najwyższe ryzyko>.

Aby osiągnąć stopień ochrony zgodnie z kategoriami ryzyka, istnieje rozwiązanie elektroniczne zgodne z zasadą "On Demand Failure" (PFD), tzn. im wyższa kategoria, tym większa niezawodność systemu, umieszczając wyposażenie nadmiarowe (różnorodność) w celu zmniejszenia możliwości wystąpienia awarii systemu bezpieczeństwa.

W miarę rozwoju sieci przemysłowych, wiele z nich posiada już profil bezpieczeństwa, który jest niczym innym jak możliwością umieszczenia systemów sterowania maszyn lub instalacji razem z systemami bezpieczeństwa według kategorii ryzyka.

c. RAMY ANALIZY RYZYKA

Niniejszą analizę ryzyka przeprowadza się w celu spełnienia wymogów normy *"NR-12 - Bezpieczeństwo pracy w maszynach i urządzeniach"*, która określa odniesienia techniczne, podstawowe zasady i środki ochrony w celu zapewnienia zdrowia i fizycznej integralności pracowników oraz ustanawia minimalne wymogi w zakresie zapobiegania wypadkom.

Określić granice maszyny, w tym jej przeznaczenie oraz wszelkie możliwe do przewidzenia niewłaściwe użycie; zidentyfikować zagrożenia, które mogą być wytwarzane przez maszynę i powiązać je z sytuacjami niebezpiecznymi; oszacować ryzyko, biorąc pod uwagę stopień możliwego urazu lub uszczerbku na zdrowiu oraz prawdopodobieństwo jego wystąpienia; ocenić ryzyko w celu zmniejszenia ryzyka w razie potrzeby; wyeliminować zagrożenia lub zmniejszyć ryzyko związane z tymi zagrożeniami poprzez zastosowanie środków ochronnych.

Analiza ta opiera się na danych i ustaleniach zebranych w miejscu pracy maszyny, gdy do oceny maszyny używana jest standardowa i odpowiednia *lista kontrolna, jak również* wizualna weryfikacja pracy maszyny, wywiady z operatorami, symulacje przestojów i sytuacji awaryjnych.

5. WYNIKI I DYSKUSJE

Aby rozpocząć proces wdrażania działań ochronnych, ważne jest, aby wiedzieć, jak działa dydaktyczna instalacja wodociągowa.

Po przeprowadzeniu szczegółowych badań przeprowadzono oceny jakościowe i ilościowe, w których stwierdzono pewne zagrożenia występujące w zakładzie.

W związku z tym nie ma żadnych dostosowań w zakładzie zgodnie z nowym brzmieniem NR 12, aby zachować zdrowie i integralność fizyczną pracowników podczas ich godzin pracy, przyczyniając się do zmniejszenia liczby wypadków przy pracy.

Przyjęta metodologia pozwoli na omówienie i analizę ryzyka występującego w całym zakładzie.

a. ZAGROŻENIA WYSTĘPUJĄCE W ZAKŁADZIE WODOCIĄGOWYM

Rysunek 20 przedstawia przegląd instalacji wodociągowej.

Rysunek 20: Przegląd instalacji wodociągowej.

Rysunki 21 i 22 przedstawiają szczegóły dotyczące rośliny. Widok z przodu, z tyłu oraz z prawej i lewej strony.

Rysunek 21: Widok z przodu (a) i z tyłu (b).

Rysunek 22: Widok z lewej strony (c) i z prawej strony (d) rośliny.

W tabeli 10 przedstawiono główne charakterystyki techniczne zakładu.

Tabela 10: Charakterystyka techniczna zakładu

ŹRÓDŁO MOCY	Elektryczny, pneumatyczny i mechaniczny
GŁÓWNE SYSTEMY I URZĄDZENIA	Dolny zbiornik
	Konwencjonalny Silnik Weg
	Wysokowydajny silnik Weg
	Pompa odśrodkowa Schneidera
	Konwencjonalny zawór elektromagnetyczny
	Elektryczny panel sterowania - De Lorenzo
	PLC - programowalny sterownik logiczny
	Przetwornik częstotliwości
	Soft-Start - Bezpośredni start
	Multimetr elektryczny Power Logic
	Przetwornik różnicy ciśnień, typ pojemnościowy
	Zawór regulacyjny przepływu
	Przetwornik manometru
	Różnicowy przetwornik poziomu ciśnienia
	Zbiornik górny
	Klucz wysokiego poziomu
	Klucz niskiego poziomu
	Zawór elektromagnetyczny
	Klucz wysokiego szczebla
	Klucz niskiego poziomu
	Manometr glicerynowy
UŻYTKOWANIE SPRZĘTU	DOSTAWA WODY
CECHY CHARAKTERYST YCZNE PROCESU	Proces automatyczny, półautomatyczne napełnianie i półautomatyczny rozładunek.
LICZBA GRACZY	1

Rysunki 23-28 przedstawiają sytuacje ryzyka występujące w zakładzie: (i) instalacja drugiego czujnika bezpieczeństwa przepełnienia; (ii) brak czujnika blokującego podczas zbliżania się do instalacji; (iii) silniki elektryczne z luźnymi przewodami; (iv) brak zabezpieczenia w trójfazowych silnikach indukcyjnych; (v) luźne przewody podczas podłączania pompy; (vi) Pompa wody bez zabezpieczenia; (vii) Czujnik bez zabezpieczenia LSL 01; (viii) Czujnik bez zabezpieczenia LSH 01; (ix) Drzwi panelu elektrycznego bez zabezpieczenia; (x) Praca instalacji przy otwartych drzwiach; (xi) PLC z luźnymi przewodami; (xii) PLC nie posiada obwodów bezpieczeństwa.

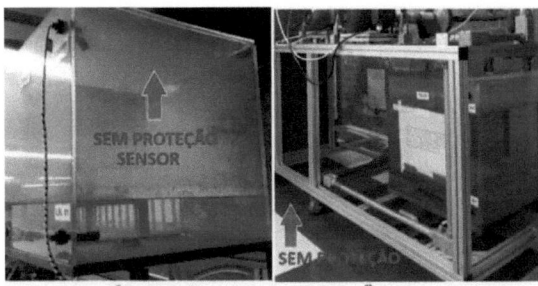

Rysunek 23: Zagrożenia występujące w zakładzie: (i) drugi czujnik bezpieczeństwa przelewowego (ii) brak czujnika blokującego przy podejściu do instalacji.

(iii)   (iv)

Rysunek 24: **Zagrożenia występujące w zakładzie: (iii) silniki z przewodami luźnymi (iv)** brak zabezpieczenia w trójfazowych silnikach indukcyjnych.

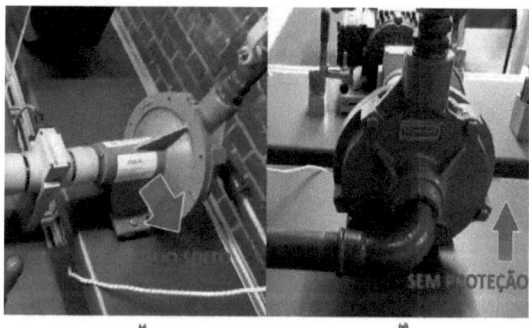

(v)   (vi)

Rysunek 25: Zagrożenia występujące w zakładzie: (v) luźne przewody; (vi) niezabezpieczona pompa wodna.

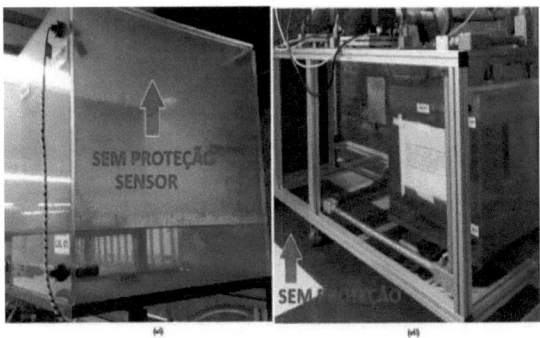

Rysunek 26: **Zagrożenia występujące w zakładzie**: (vi) czujnik bez zabezpieczenia LSL 01; (vii) czujnik bez zabezpieczenia LSH 01.

Rysunek 27: **Zagrożenia występujące w zakładzie**: (ix) drzwi panelu elektrycznego bez zabezpieczenia; (x) praca instalacji przy otwartych drzwiach.

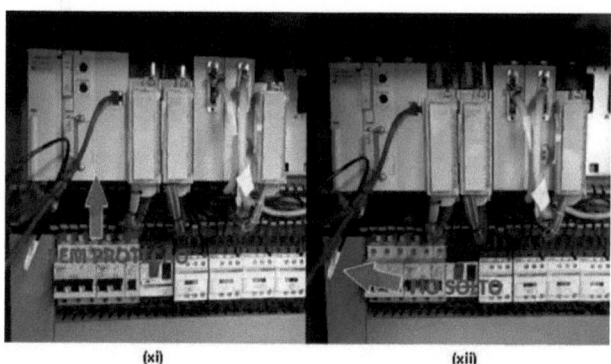

(xi)   (xii)

Rysunek 28: Zagrożenia występujące w zakładzie: (xi) PLC nie posiada obwodów bezpieczeństwa; (xii) PLC z luźnymi przewodami.

Tabela 11 przedstawia główne ryzyka i zagrożenia występujące w Zakładzie Dostaw.

Tabela 11: Zagrożenia występujące w zakładzie zaopatrzeniowym.

TYTUŁ	ZAKŁAD WODOCIĄGOWY
PLACE	LABORATORIUM EFEKTYWNOŚCI ENERGETYCZNEJ
TARGET	Operatorzy, inni
TAREFA	Eksploatacja zakładu
RODZAJ RYZYKA (ISO 12100)	Zagrożenia związane ze środowiskiem, w którym maszyna jest użytkowana
OPIS RYZYKA (ISO 12100)	- Brakuje drugiego czujnika poziomu, aby zapobiec przepełnieniu; - Brak czujnika blokującego podczas zbliżania się do pracującej instalacji; - Silniki z luźnymi przewodami; - Brak ochrony w trójfazowych silnikach indukcyjnych; - Luźne przewody od zasilania pompy; - Niezabezpieczona pompa wodna. - Czujnik bez zabezpieczenia LSL 01.

- Czujnik bez zabezpieczenia LSH 01.
- Elektryczne drzwi panelowe bez zabezpieczenia;
- Praca zakładu przy otwartych drzwiach;
- PLC z luźnymi przewodami;
- PLC nie ma żadnych obwodów bezpieczeństwa.

KONSEKWENCJE RYZYKA (ISO 12100)	Wszelkie inne skutki spowodowane przez źródła zagrożeń maszyny lub jej części

i. HRN - Numer ratingu niebezpieczeństwa

Jak przedstawiono w rozdziale 3 - Teoretyczne podstawy, pozycja 3.1.1 - Narzędzia analityczne, jako metodę ilościowego ryzyka wybrano NBR ISO 12100:2013 jako metodę referencyjną, a dokładniej HRN - *Hazard Rating Number*, metodę, która wstępnie ocenia sprzęt bez środków bezpieczeństwa, a wkrótce potem z zastosowaniem zalecanych środków bezpieczeństwa.

Tabela 12 przedstawia aktualne obliczenia HRN zakładu.

Tabela 12: Obliczenie aktualnego HRN zakładu.

BIEŻĄCE OBLICZANIE HRN		
PRAWDOPODOBIEŃSTWO WYSTĄPIENIA		Z pewnością
0,03311 ,52581015		
CZĘSTOTLIWOŚĆ EKSPOZYCJI		Codziennie
0,511 ,52,545		
STOPIEŃ NASILENIA		Złamanie / poważna choroba
0, 10,51246815		
LICZBA OSÓB NARAŻONYCH NA RYZYKO		1-2 Osoby
124812		
HRN	150	Bardzo wysokie ryzyko

ii. SIL - SIL (POZIOM INTEGRALNOŚCI BEZPIECZEŃSTWA)

SIL może być zdefiniowany jako stopień niezawodności i integralności danego systemu bezpieczeństwa.

Jego kwantyfikacja odbywa się w kategoriach prawdopodobieństwa wystąpienia awarii podczas użytkowania tego systemu (PFD: Prawdopodobieństwo wystąpienia awarii na żądanie).

Literatura określa 4 poziomy SIL (1 do 4), przy czym 4 są najwyższym stopniem niezawodności.

W tabeli 13 przedstawiono obliczenia Zakładowego LIS.

Rysunek 29 przedstawia metodologię stosowaną do identyfikacji kategorii bezpieczeństwa.

Tabela 13: Obliczanie zakładowego systemu identyfikacji działek rolnych

SIL				
CZĘSTOTLIWOŚĆ	PROBABILITYKA	ZDOLNOŚĆ DO UNIKANIA		
5 - 0h do 24h	5 - Bardzo wysoki	1 - Możliwe		
CZĘSTOTLIWOŚĆ + PRAWDOPODOBIEŃSTWO + ZDOLNOŚĆ DO UNIKANIA = 11				
SEVERITY	3-45-78-1011-13	14-15		
4 - Śmierć, utrata wzroku lub ramienia	SIL 2SIL 2		SIL 3	SIL 3
3 - Trwałe uszkodzenie ciała, utrata palców		OMSIL 1SIL 2SIL 3		
2 - Odwracalny uraz, opieka medyczna		WHOIL 1SIL 2		
1 - Odwracalne urazy, pierwsza pomoc		WHOIL 1		
WYNIK	SIL 3			

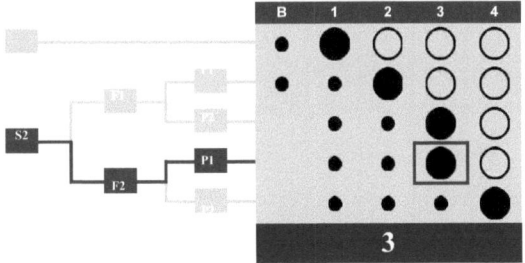

Rysunek 29: Metodologia identyfikacji kategorii bezpieczeństwa.

iii. OBLICZENIE PLR (WYMAGANY POZIOM WYDAJNOŚCI)

W związku z nowymi technologiami i zaktualizowanymi wymaganiami analizy ryzyka, zdecydowano o włączeniu do oceny ryzyka metodyki określania wymagań systemu bezpieczeństwa według metodyki ISO 13849-1 - PLr, która posiada pokrycie w dostępnych elektronicznych systemach bezpieczeństwa i przedstawia możliwość analizy wydajności systemu oraz określenia konkretnych kategorii ryzyka dla każdego typu elementu.

Tabela 14 przedstawia obliczenia PLr dla instalacji zasilającej.

Tabela 14: Obliczenie PLr instalacji zasilającej.

POZOSTAŁE OBLICZENIA HRN	
PRAWDOPODOBIEŃSTWO WYSTĄPIENIA	Mało prawdopodobne
0,03311 ,52581015	
CZĘSTOTLIWOŚĆ EKSPOZYCJI	Co tydzień
0,511 ,52,545	
STOPIEŃ NASILENIA	Małe złamania kości / Łagodna choroba
0, 10,51246815	
LICZBA OSÓB NARAŻONYCH NA RYZYKO	1-2 Osoby

b. ŚRODKI ZAPOBIEGAWCZE PRZECIWKO ZAGROŻENIOM WYSTĘPUJĄCYM W ZAKŁADZIE WODOCIĄGOWYM

Analizując tabele 11, 12, 13 i 14, zauważa się, że zakład dostarczający produkty posiada minimalne warunki bezpieczeństwa specyficzne dla funkcjonalności.

Jest on również niewystarczający pod względem bezpieczeństwa, według NR-12, podlegający zakazowi przez Ministerstwo Pracy ze względu na możliwość wystąpienia wypadków.

W tabeli 15 przedstawiono środki zapobiegawcze dla zagrożeń występujących w zakładzie zaopatrzenia zgodnie z normami przedstawionymi w tabeli 16.

Tabela 15: Środki zapobiegawcze w odniesieniu do zagrożeń występujących w zakładzie.

LIMITY SPRZĘTOWE	
ŹRÓDŁO MOCY	Elektryczny, pneumatyczny, mechaniczny i hydrauliczny

57

KLUCZOWE ŚRODKI ZAPOBIEGAWCZE	1) Uziemienie elektryczne konstrukcji metalowej urządzenia. 2) Optyczna bariera bezpieczeństwa podłączona do interfejsu bezpieczeństwa (przekaźniki/ segment CLP). 3) Wyłącznik blokady bezpieczeństwa (magnetyczny) podłączony do interfejsu bezpieczeństwa (przekaźniki/ segment CLP). 4) Bezpieczny PLC. 5) Sterowanie dwuręczne do obsługi urządzeń podłączonych do interfejsu bezpieczeństwa (przekaźniki/ segment CLP.). 6) Kurtyny świetlne (prawidłowo wymiarowane). 7) Typ przycisku alarmowego, samokontrola, Dual Channel, podłączony do interfejsu bezpieczeństwa (przekaźniki/ segment CLP.). 8) Podłączenie elektryczne elementów bezpieczeństwa, w celu skategoryzowania obwodu. 9) Elektryczna ochrona przeciwporażeniowa - Wewnętrzny panel elektryczny. 10) Ochrona przed porażeniem prądem elektrycznym - Zewnętrzny panel elektryczny. 11) Strażnicy mobilni monitorowani przez klucz zabezpieczający Z elektromagnetycznym systemem resetowania zabezpieczeń. 12) Skaner powierzchniowy. 13) Mata ochronna.
UŻYTKOWANIE SPRZĘTU	ZAOPATRZENIE W WODĘ
CECHY CHARAKTERYSTYCZNE PROCESU	Proces automatyczny, półautomatyczne napełnianie i półautomatyczny rozładunek
LICZBA GRACZY	1

Tabela 16: Zalecenia normatywne.

ODNIESIENIA NORMATYWNE	
NR-10	Bezpieczeństwo w instalacjach i usługach elektroenergetycznych
NR-12	Bezpieczeństwo pracy w maszynach i urządzeniach
NBR 5410	Instalacje elektryczne niskiego napięcia
NBR 13759	Bezpieczeństwo maszyn - Wyposażenie E-STOP - Aspekty funkcjonalne -

	Zasady projektowania
NBR 14153	Bezpieczeństwo maszyn - Elementy systemów sterowania związane z bezpieczeństwem - Ogólne zasady projektowania
NBR 14154	Bezpieczeństwo maszyny - Zapobieganie nieoczekiwanemu uruchomieniu
NBR NM 272	Bezpieczeństwo maszyn - Osłony - Ogólne wymagania dotyczące projektowania i wykonywania osłon stałych i ruchomych
NBR NM 273	Bezpieczeństwo maszyn - Urządzenia blokujące związane z osłonami - Zasady projektowania i wyboru
NBR NM ISO 13852	Bezpieczeństwo maszyn - Odległości bezpieczeństwa uniemożliwiające dostęp kończyn górnych do stref niebezpiecznych
NBR NM ISO 13853	Bezpieczeństwo maszyn - Odległości bezpieczeństwa uniemożliwiające dostęp kończyn dolnych do stref niebezpiecznych
NBR ISO 12100	Bezpieczeństwo maszyn - Ogólne zasady projektowania - Ocena i ograniczanie ryzyka
NBR ISO 13855	Bezpieczeństwo maszyn - Pozycjonowanie wyposażenia ochronnego w odniesieniu do zbliżających się części ciała ludzkiego
NBR 13930	Prasy mechaniczne - Wymagania bezpieczeństwa
EN ISO 12100:2010	Bezpieczeństwo maszyn - Ogólne zasady projektowania - Ocena ryzyka i zmniejszanie ryzyka
PL 60204-1:2006/AC:2010	Bezpieczeństwo maszyn - Wyposażenie elektryczne maszyn - Część 1: Część 1: Wymagania ogólne
EN ISO 13857:2008	Bezpieczeństwo maszyn - Odległości bezpieczeństwa uniemożliwiające sięganie kończynami górnymi i dolnymi do stref zagrożenia
EN ISO 13855:2010	Bezpieczeństwo maszyn - Pozycjonowanie zabezpieczeń w odniesieniu do prędkości zbliżania się części ciała ludzkiego
IEC 61508-1:2010	Bezpieczeństwo funkcjonalne elektrycznych/elektronicznych/programowalnych elektronicznych systemów bezpieczeństwa - Część 1: Część 1: Wymagania ogólne
IEC 60204-1:2009	Bezpieczeństwo maszyn - Wyposażenie elektryczne maszyn - Część 1: Wymagania ogólne
ISO 13849-1:2015	Bezpieczeństwo maszyn - Elementy systemów sterowania związane z bezpieczeństwem - Ogólne zasady projektowania
ISO 13850:2015	Bezpieczeństwo maszyn - Wyłącznik awaryjny - Zasady projektowania
ISO 14118:2000	Bezpieczeństwo maszyn - Zapobieganie nieoczekiwanemu uruchomieniu
ISO 14120:2002	Bezpieczeństwo maszyn - Osłony - Ogólne wymagania dotyczące projektowania i wykonywania osłon stałych i ruchomych
ISO 13854:1996	Bezpieczeństwo maszyn - Minimalne odstępy w celu uniknięcia zgniecenia części ciała ludzkiego
ISO 13732-1:2006	Ergonomia środowiska termicznego - Metody oceny reakcji człowieka na kontakt z powierzchniami - Część 1 - Powierzchnie gorące
IEC 61310-1:2007	Bezpieczeństwo maszyn - Wskazywanie, oznaczanie i uruchamianie - Część 1: Część 1: Wymagania dotyczące sygnałów wizualnych, akustycznych i dotykowych
IEC/TS 62046:2008	Bezpieczeństwo maszyn - Stosowanie urządzeń ochronnych w celu wykrycia obecności osób
ISO 12100:2013	Bezpieczeństwo maszyn - Pojęcia podstawowe i ogólne zasady projektowania - Ocena ryzyka i zmniejszanie ryzyka

IEC 62061 | Bezpieczeństwo maszyn - Bezpieczeństwo funkcjonalne elektrycznych, elektronicznych i programowalnych elektronicznych układów sterowania

Analizując tabelę 15 i obserwując główne środki zapobiegawcze wraz z urządzeniami zabezpieczającymi i ich prawidłowym montażem, oprócz codziennego systemu weryfikacji, z konserwacją zapobiegawczą i korekcyjną, można osiągnąć rozwiązanie zabezpieczające zgodne z wymogami bezpieczeństwa wymaganymi przez NR-12.

6. WNIOSKI

W ramach tych prac zaproponowano środki bezpieczeństwa w zautomatyzowanym systemie zaopatrzenia w wodę, zgodnym z normą regulacyjną nr 12 Ministerstwa Pracy i Zatrudnienia. Zastosowano narzędzia zgodności z Normą Regulacyjną nr 12 w celu poprawy procesu bezpieczeństwa i ryzyka eksploatacji zakładu dydaktycznego Federalnego Instytutu w São Paulo - IFSP - Zakład Wodociągów.

Zidentyfikowano główne błędy i awarie, które wystąpiły w zakładzie, w celu wygenerowania niebezpiecznych warunków i zaproponowano możliwe rozwiązania inżynieryjne eliminujące niebezpieczne sytuacje w jego pracy.

Konieczne jest monitorowanie urządzeń ochronnych w celu usystematyzowania środków zapobiegawczych, które mogą zminimalizować lub wyeliminować zagrożenie.

Środki te mogą obejmować uziemienie maszyn i urządzeń, nabycie kurtyn świetlnych i/lub czujników obecności, instalację sterowników PLC bezpieczeństwa, szkolenie operatorów w zakresie nowych urządzeń bezpieczeństwa oraz instalację urządzeń E-STOP.

Sugeruje się, że praca ta służy jako punkt odniesienia dla Federalnego Instytutu São Paulo - IFSP, do wdrożenia i instalacji zautomatyzowanego systemu zaopatrzenia w wodę, w Laboratorium Efektywności Energetycznej w Campos São Paulo jest odniesieniem do badań nad nowymi rozwiązaniami lub adaptacją zabezpieczeń w nowoczesnych maszynach, mając zawsze na uwadze bezpieczeństwo operatora i osób zaangażowanych.

Jest to również propozycja opracowania praktycznych podręczników do konsultacji z producentami, pracodawcami, podmiotami gospodarczymi i kontrolerami podatkowymi.

Konieczne jest opracowanie takich podręczników, które nie będą ze sobą sprzeczne, które będą łatwe do zrozumienia, wykażą występowanie wypadków na tych urządzeniach, nie pozostawiając żadnych wątpliwości, zwłaszcza dla osób zaangażowanych w ich obsługę.

7. ODNIESIENIA BIBLIOGRAFICZNE

ABIMAQ - **Podręcznik bezpieczeństwa w** maszynach **składanych, prasach i podobnych,** podstawowa zasada jego stosowania w bezpieczeństwie pracy w prasach i podobnych, Brazylijskie Stowarzyszenie Przemysłu Maszyn i Urządzeń, wydanie 1. Dostępny pod adresem: http://pt.scribd.com/doc/111734461/Manual-de-Seguranca-NR-12. Dostępny od 22 stycznia 2018 r.

ABNT. NBR 14153:2013: **Bezpieczeństwo maszyn - Elementy systemów sterowania związane z bezpieczeństwem - Ogólne zasady projektowania.** Rio de Janeiro, 2013.

ALEVATO, H.; ARAÚJO, E. M. G. **Zarządzanie, organizacja i warunki pracy** . Niterói: 2009. Dostępne pod adresem: <http://www.excelenciaemgestao.org/Portals/2/documents/cneg5/anais/T8_0155_05 77.pdf>. Dostęp na: 15 lutego 2018.

GLINY, B. F. NR-10. **Praktyczny przewodnik do analizy i stosowania.** 1 ed. São Paulo: Érica Ltda, 2010.

CENTRAL PUMP - **Instrukcja obsługi pomp i motocykli** - Schneider - 2010 r.

SOCO TYPE EMERGENCYJNY BUTTONY - **Katalog ACE Schmersal.** Dostępny pod adresem: https://www.schmersal.com.br/automacao/produto/botao-de-emergencia-e2-40/. Dostęp w: luty 2018.

CIRCUIT Z URZĄDZENIAMI BEZPIECZEŃSTWA - **Katalog ACE Schmersal.** Dostępne pod adresem: https://www.schmersal.com.br/produtos/. Dostęp w: luty 2018.

MIĘSO, A. **Ławka z pompą odśrodkową.** Opis techniczny i instrukcja obsługi stołu pompy odśrodkowej, 2007.

CIESIELSKI, J. V. R. **Zastosowanie NR-12 w małych prasach do prasowania bloków i cegieł ekologicznych**. Monografia. 2013. Universidade Tecnológica Federal do Paraná, UTFPR. Curitiba. 2013. 51f.

BIMANALNE POLECENIE. **Katalog ACE Schmersal**, 2018.

CAMPOS, V.F. **Management of day-to-day work routine**. Nova Lima: INDG, Tecnologia e Serviços Ltda, 2004.

CORRÊA, M. U. **Systematyzacja i urządzenia klimatyzacyjne NR-12 na Segurancie Maków i Urządzeń**. 2011. Universidade Regional do Noroeste do Estado do Rio Grande do Sul, s. 17-18, 2011, Ijuí - RS.

DE LORENZO DO BRASIL. **Systemy dydaktyczne** - 2007 http://www.delorenzo.com.br/

DIEESE - MIĘDZYWYDZIAŁOWY WYDZIAŁ STATYSTYKI I BADAŃ SPOŁECZNO-EKONOMICZNYCH. **Anuário da Saúde do Trabalhador- 2015**. Dostępne w: https://www.dieese.org.br/anuario/2016/Anuario_Saude_Trabalhador.pdf. Dostępny w marcu 2019 roku.

DRAGONI, J. F. **Ochrona maszyn, urządzeń, mechanizmów i blokady bezpieczeństwa**. São Paulo: LTC, 2011.

FARIAS, O. J. B. **Safety at Work in Machinery and Equipment - NR-12**. Osasco: 2013. Dostępny na stronie: http://www.periciasdotrabalho.com.br/image_adds/118_img0214247001376487250.pdf

FERREIRA FILHO, J. RODRIGUES, R. C. **Monitoring i kontrola procesów**, 2 / - Rio de Janeiro: Petrobras Brasília: SENAI/DN, 2003. 249 p.: il. - (Seria Podstawowa Kwalifikacja Operatorów).

GONÇALVES, C.; BRASILEIRO, M.; MIYAMOTO, T. Y. **Wypadki maszynowe - identyfikacja ryzyka i zapobieganie.** Curitiba: 2004. Dostępny pod adresem: http://www.segurancaetrabalho.com.br/download/acidmaq.pdf

HARRINGTON, J. **Usprawnienie procesów biznesowych.** Makron Books, Editora, São Paulo, 1993.

HEINRICH, H. W. **Prevención de accidentses industriales.** McGraw - Hill, Meksyk: 1960. Dostępne pod adresem: http://www.aedb.br/seget/artigos07/660_Artigo_completo_Seget_Gerdau.pdf.

MACINTYRE, A. J. **Pumps and Pumping Facilities.** 2 ed. Wydawnictwo LTC: 1997.

MARCHI, A. **Ocena wydajności pomp o zmiennej prędkości obrotowej w systemach dystrybucji wody.** Odebrana: 25 stycznia 2012 r. - Opublikowane w czasopiśmie Drinking Water Engineering and Science. Omówienie: 15 marca 2012 r. Dostępna pod adresem: www.drink-water-eng-sci.net/5/15/2012/.

MENDES, R. **Machines and Accidents at Work.** Brasília: MTE/SIT; MPAS, 2001. Dostępny pod adresem: < http://www.previdencia.gov.br/arquivos/office/3_081014111357-495.pdf

NBR 14152 - Oburęczne **urządzenia sterujące** - Aspekty funkcjonalne i zasady projektowania - Bezpieczeństwo maszyn.

BIRTH, W. **Protection in Presses and similar** - Risk Protection Device Istniejące w strefie pracy lub prasy. Dostępny pod adresem: http://wagner-nascimento.webnode.com.br/dispositivo%20de%20prote%C3%A7%C3%A3o/. Dostęp od 23 lutego 2018 r.

NETO, N. W. **Concept of Industrial Accident.** 2012. Dostępne pod adresem: http://segurancadotrabalhonwn.com/conceito-de-acidente-de-trabalho/>

64

NBR 13759:1996 Bezpieczeństwo maszyn - **Urządzenia E-STOP, aspekty funkcjonalne** - zasady konfiguracji.

NBR 14152 - Bezpieczeństwo maszyn - Oburęczne **urządzenia sterujące** - Aspekty funkcjonalne i zasady projektowania.

NBR 14152:1998 - **Bezpieczeństwo maszyn - Oburęczne urządzenia sterujące - Aspekty** funkcjonalne i zasady projektowania.

NBR 14153 - Bezpieczeństwo maszyn - **Elementy systemów sterowania związane z bezpieczeństwem** - Ogólne zasady projektowania.

NBR 14154 - Bezpieczeństwo maszyn - **Nieoczekiwane rozpoczęcie pracy.**

NBR NM - 272:2002 - Bezpieczeństwo maszyn - **Osłony** - Ogólne wymagania dotyczące projektowania i budowy osłon stałych i ruchomych.

NBR NM - 273:2002 - Bezpieczeństwo maszyn - **Urządzenia blokujące związane z osłonami** - Zasady projektowania i doboru.

NBR NM-ISO 13852:2003 - Bezpieczeństwo maszyn - **Odległości bezpieczeństwa uniemożliwiające dostęp kończyn górnych do stref niebezpiecznych**

NR 12 - Norma regulacyjna - **Maszyny i urządzenia**.

PEREIRA, K. A. **Identyfikacja zagrożeń i zapobieganie wypadkom w prasie i tym podobnych.** Dysertacja pod koniec 2008 r. - FACULDADES INTEGRADAS DE ARARAQUARA - FIA. STUDIA PODYPLOMOWE Z ZAKRESU INŻYNIERII BEZPIECZEŃSTWA PRACY

PORTAL BRASIL. **Wydawanie na wypadki przy pracy w Brazylii.** Dostępny pod adresem: http://www.brasil.gov.br

SAFETY RELAY. **Katalog ACE Schmersal.** 2018

MAGAZYN OCHRONNY. **Statystyki dotyczące wypadków przy pracy.** Dostępne pod adresem: <http://www.protecao.com.br/noticias/estatisticas>.

RIBEIRO, V. T. **Środowisko pracy i straty materialne.** 2011. Dostępne pod adresem: <http://www.liveseg.com/artigos_acid_trab_perd_mat.html>.

RRTA - AUTOMATYKA I ENERGIA SŁONECZNA
https://rrta.com.br/empresa/

SANTOS J. J. R.; ZANGIROLAMI M. J. **NR 12 - BEZPIECZEŃSTWO W MASZYNACH I URZĄDZENIACH: KONCEPCJE I ZASTOSOWANIA.** Wydawca: Érica; Wydanie 1, 2018.

INDUKCYJNE CZUJNIKI BEZPIECZEŃSTWA. **Katalog ACE Schmersal,** 2018 r.

RRA Automation and Solar Energy. **SCANNER.** Dostępny pod adresem: https://rrta.com.br/empresa/. Dostęp w: luty 2018.

SCHMERSAL. **ACE CATÁLAGO,** 2018
http://www.schmersal.com.br/home/

SCHNEIDER, E. E. **Instalacje urządzeń zabezpieczających do obrabiarek zgodnie z normą regulacyjną nr 12 z naciskiem na urządzenia elektryczne.** Universidade Regional do Noroeste do Estado do Rio Grande do Sul, 2011, Ijuí -RS.

SHERIQUE, J. **NR-12: Step by Step for Implementation.** 2nd Edition, São Paulo: LTr, 2016.

SILVA, K.P. A. - **Risk Identification and Accident Prevention in Presses and similar** - Faculdades Integradas de Araraquara - FIA, Programa de Pós-Graduação em Engenharia de Segurança no Trabalho, 2008, Araraquara - SP.

UNESP - UNIVERSIDADE ESTADUAL PAULISTA - CAMPUS DE GUARATINGUETÁ-FACULDADE DE ENGENHARIA - BANCADA DA BOMB CENTRÍFUGA - Opracowany przez Antônio Carneiro - Opis techniczny i instrukcja obsługi - 2007 r.

VIEIRA I. V. **Wypadki przy pracy w Nowym NR-12.** Wydanie trzecie, São Paulo: LTr, 2016.

VILELA, R. A. G. **Wypadki przy pracy z maszynami: identyfikacja zagrożeń i zapobieganie im.** Książeczka zdrowia robotnika. Campinas: 2001. Dostępne pod adresem: <http://www.coshnetwork.org/sites/default/files/caderno5%20maquina.pdf>.